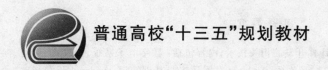

普通高校"十三五"规划教材

嵌入式系统与云计算开发
——基于 Android 系统的实验案例基础教程

李 磊 主 编

高 学　邓洪波　陶大鹏
崔寅鸣　梁仕文　梁志明　副主编

北京航空航天大学出版社

内 容 简 介

本书主要讲解嵌入式系统与云计算开发的相关技术,内容包括:数字电子系统、嵌入式、移动互联网与云计算的发展过程及它们的相互关系;Android 发展历史与基础知识;Android 开发基础实验案例;从 Android 本地实验案例到"云+端"的拓展性和综合性实验内容。

本书不仅可以作为高等院校相关专业的教学参考用书,同时也可以为从事相关工作的工程师提供应用设计参考。

图书在版编目(CIP)数据

嵌入式系统与云计算开发:基于 Android 系统的实验案例基础教程 / 李磊主编. -- 北京:北京航空航天大学出版社,2018.9
 ISBN 978-7-5124-2752-5

Ⅰ. ①嵌… Ⅱ. ①李… Ⅲ. ①微型计算机-系统设计-教材②云计算-教材③移动终端-应用程序-程序设计-教材 Ⅳ. ①TP360.21②TP393.027③TN929.53

中国版本图书馆 CIP 数据核字(2018)第 144383 号

版权所有,侵权必究。

嵌入式系统与云计算开发
——基于 Android 系统的实验案例基础教程
李 磊 主 编
高 学 邓洪波 陶大鹏 崔寅鸣 梁仕文 梁志明 副主编
责任编辑 胡晓柏 剧艳婕

*

北京航空航天大学出版社出版发行

北京市海淀区学院路 37 号(邮编 100191) http://www.buaapress.com.cn
发行部电话:(010)82317024 传真:(010)82328026
读者信箱:emsbook@buaacm.com.cn 邮购电话:(010)82316936
艺堂印刷(天津)有限公司印装 各地书店经销

开本:710×1 000 1/16 印张:10.25 字数:218 千字
2018 年 9 月第 1 版 2018 年 9 月第 1 次印刷 印数:2 000 册
ISBN 978-7-5124-2752-5 定价:32.00 元

若本书有倒页、脱页、缺页等印装质量问题,请与本社发行部联系调换 联系电话:(010)82317024

前 言

Android 系统是嵌入式系统家族的重要成员之一,在移动终端领域占据了非常重要的位置。目前,市面上关于 Android 开发的书籍已经非常丰富,但对于高等院校开展相关的实验教学仍缺少一本以基础实验案例到"云+端"实验案例的教学用书。本书以 Android 应用开发实验案例为载体,采用循序渐进的方式,逐步介绍 Android 开发的基本技术和核心思想,同时以"云+端"的实验案例内容作为 Android 技术学习的拓展和提高。

本书不仅可以作为高等院校相关专业的实验指导书,同时也可以为从事相关工作的工程师提供应用设计参考。相信通过本书的学习,读者会基本掌握 Android 应用的开发。

本书内容

第 1 章 介绍数字电子系统、嵌入式、移动互联网与云计算的发展过程及相互关系,此为本书相关背景知识的导论部分。

第 2 章 介绍 Android 系统的发展,对 Android 系统的结构做了一个简要的概述;并对面向对象编程、Java 和 XML 语言的基础知识做了介绍,为第 3 章和第 4 章实验案例的学习提供必要的基础知识。

第 3 章 循序渐进地从一个基础实验案例开始介绍 Android 开发的基础知识和核心思想,并拓展到其他复杂的实验案例。

第 4 章 从简单的 OpenCV 程序设计开始,结合 Android 系统,介绍从本地到基于云端 IaaS 平台、Docker 服务和基于 Spark 大数据平台的"云+端"实验案例设计,作为拓展性和综合性实验内容。

读者对象

在阅读本书前,读者至少已经掌握了以下基础:
- 基本的 C 语言基础;
- 对"云+端"有一定的了解和认识;
- 对数据库、网络编程、图像处理等有一定的了解和认识;

- 对 Hadoop 和 Spark 架构有一定的了解（作为拓展知识）；
- 对 Python 语言有一定的了解（作为拓展知识）。

本书由李磊主编,高学、邓洪波、陶大鹏、崔寅鸣、梁仕文、梁志明为副主编。本书主要是作为华南理工大学相关实验教学的参考用书,主要分为两个部分:一是相关技术领域的发展和基础知识介绍,这部分作为课程前言导论和基础知识;二是 Android 应用开发内容,其中本书选取了课程内的主要实验案例,主要作为实验教学内容。本书实验案例内容的设计得到了华南理工大学"十三五"本科教材建设项目、2016 年广东省高等教育教学改革项目(嵌入式移动互联网课程资源在线共享模式与工程培养教学体系构建、实验教学过程管理模式改革探索、基于"互联网+"的实验云平台建设)、2016 年华南理工大学校级教学改革项目和探索性实验项目开展的支持。

本书能够出版得到了很多的支持,特别感谢李斌、吕念玲和秦慧平三位老师在课程改革过程中给予的帮助和支持,正是由于本书所依托的课程开展了项目式教学改革,不仅为课程积累了大量的教学素材,也为书稿的内容编排奠定了基础;感谢这几年参与课程改革和建设的同学们,你们的积极参与为本书的出版做出了巨大的贡献,这里一并表示感谢。

虽然本书在编写时尽量将参考的资料添加了文献引用说明,但由于 Android 技术的普及和发展,本书所设计的实验案例难免可能与其他资料案例类似,敬请谅解。另由于技术发展迅速,笔者水平有限,不足之处在所难免,恳请读者朋友批评指正。

作　者

2018 年 6 月

目 录

第1章 数字电子系统、嵌入式、移动互联网与云计算 ………………………… 1
1.1 从数字电子系统到移动终端的发展 ……………………………………… 1
1.2 嵌入式终端与移动互联网的发展 ………………………………………… 7
1.3 云计算与移动终端的发展 ………………………………………………… 8
1.4 云+端的移动互联网服务架构 …………………………………………… 9

第2章 Android发展历史与基础知识介绍 …………………………………… 11
2.1 Android系统的由来与架构 ……………………………………………… 11
2.2 与Android系统开发形影不离的Java和XML语言 …………………… 16
2.3 Android系统开发的环境介绍 …………………………………………… 31

第3章 Android开发基础实验案例 …………………………………………… 34
3.1 第一个Android应用设计实验——控件使用基础实验案例 ………… 34
3.2 为界面增加一个按键后如何响应按键单击事件——按键响应实验案例 … 46
3.3 多按键的程序设计实验案例——九宫格键盘程序实验案例 ………… 51
3.4 程序有多个页面——多页面切换实验案例 …………………………… 61
3.5 如何保存和管理自己的数据——基本的SQLITE读写实验案例 …… 71
3.6 网络接口案例——基于TCP的网络通讯实验案例 …………………… 80
3.7 传感器使用方法——加速度(重力传感器)传感器数据读取实验案例 … 85
3.8 自定义的View类——基于表盘界面的水平仪实验案例 ……………… 90
3.9 自定义控件实验(2)——画图板实验案例 ……………………………… 98

第4章 从Android本地实验案例到"云+端" ……………………………… 107
4.1 绪　论 …………………………………………………………………… 107
4.2 基于Android端OpenCV基础实验案例——图像边缘化处理实验案例 … 107

4.3 将OpenCV案例搬到云端实现——基于Web的OpenCV图像边缘处理实验案例 ……………………………………………………………… 114

4.4 实现OpenCV的云+端处理——基于"云+端"的OpenCV图像边缘处理实验案例 ……………………………………………………………… 120

4.5 基于Spark Streaming的"云+端"PaaS平台实验案例 …………… 130

参考文献 ……………………………………………………………… 155

第 1 章

数字电子系统、嵌入式、移动互联网与云计算

1.1 从数字电子系统到移动终端的发展

从模拟电路系统发展到数字电路系统,设计者已经可以利用组合逻辑将输入抽象为多个"0"和"1"表示,代表逻辑上的"是"和"否";并通过逻辑运算,包括"与"、"或"和"非"等基本操作及其组合获得数据的处理结果。在硬件电路实现上,传统的数字逻辑集成电路单元包括了 TTL 结构的 7400 系列和 CMOS 结构的 CD4000 系列,如图 1-1 所示。利用基本的集成电路单元,设计者可以通过卡诺图化简或者逻辑方程式约简过程,将其转换为电路表达,最终通过数字集成电路单元级联实现硬件数字电路系统。

图 1-1 7400 系列和 CD4000 系列数字逻辑电路单元

在具体的实现过程中,由于数字电路集成单元不具备复杂的逻辑处理功能,需要多个电路单元级联实现。随着逻辑和功能的增加,数字逻辑集成电路单元的数量和连接的复杂性也随之增加,电路系统面积和功耗也在增加。典型的数字电路系统如图 1-2 所示。

在面对复杂的数字系统设计时,设计者开始采用其他的设计方法来降低设计难度,其中,硬件描述语言是一种面向复杂数字电路系统的设计方法。目前,硬件描述语言主要包括 Very-High-Speed Integrated Circuit Hardware Description Language(VHDL)和 Verilog Hardware Description Language(Verilog HDL)。通过硬件描述语言将传统的硬件电路设计转换为计算机语言设计,通过设计软件的编译、综合,

图1-2 典型的数字电路系统

最后下载到专用的数字系统芯片(CPLD 或者 FPGA)中实现数字电路硬件系统的设计。例如,基于 FPGA 芯片的数字系统开发平台——Altera DE2 平台如图 1-3 所示。

图1-3 CPLD 和 FPGA 构成的数字系统电路

另外一种设计模式:基于处理器或者微控制器为核心的电路系统,设计人员通过计算机语言设计逻辑和算法,并通过下载工具将程序执行文件下载到核心器件内,使得电路系统可按照程序逻辑进行执行操作。这种系统具有传统计算机系统的部分特点,但在面对不同的任务需求时进行了一定的裁减和定制,在体积和成本方面做了针对性的优化,这类系统也被称为嵌入式系统。在 20 世纪 80 年代,单片机的出现带动了众多行业领域的发展,包括汽车、航空、家电和通信装置等行业,使得设计人员从"原始"而复杂的逻辑控制电路设计中解脱出来,能够使用软件程序来实现功能逻辑的设计,降低了系统的设计难度。例如,对于走进千家万户的全自动洗衣机,将放水、洗衣和甩干等操作进行逻辑定义,并结合单片机设计软件程序和控制,从而实现了全自动洗衣过程的控制。最早的单片机包括了 Intel 公司的 8048、Motorola 公司的 68HC05 以及 Zilog 公司的 Z80 系列,这些器件的资源非常有限,仅包含 256 字节的 RAM、4 KB 的 ROM 和 4 个 8 位的并口等资源,但却是嵌入式系统发展的重要起点。图 1-4 展示了 8048 单片机的外形。

20 世纪 80 年代,Intel 公司在 8048 单片机的基础上进行了进一步的完善,推出了 8051 单片机,这个单片机架构也是现在很多设计人员仍在使用的 51 单片机,如图 1-5 所示。

图 1-4 Intel 8048 单片机　　　　　　　图 1-5 AT89S51 单片机

其中,ATMEL 公司生产的 AT89S51 是最常用的一种 8051 单片机,其中 S 指的是支持 ISP(在线更新程序)功能。其典型的开发流程是利用 Keil C 等开发软件为 8051 单片机编写程序并下载到单片机内。2000 年左右,为了进一步提高单片机的性能,一些集成电路厂商也推出了 16 位单片机,例如,凌阳公司的 61 单片机内部集成了语音处理模块,可以处理多媒体任务;低功耗的 16 位 MSP430 单片机成为了便携式仪器系统设计的核心器件。其中,凌阳 61 单片机开发板如图 1-6 所示。

图 1-6 61 单片机开发板

随着技术和需求的不断发展,单任务处理程序难以满足复杂的多任务设计需求,因此,人们开始尝试将一些计算机操作系统移植到单片机上,实现多任务的切换和调度。但由于单片机的资源限制,基于 PC 平台的操作系统,如 Linux 和 Windows 系统,无法移植到单片机上。因此,一些小型的操作系统内核出现在嵌入式系统中,如 μC/OS 成为了当前单片机最常用的操作系统内核之一。同时,为了实现操作系统内核的运行,部分集成电路设计制造厂商也在原有单片机结构的基础上推出了一些资源增强的单片机产品,如 AT89S53 单片机;目前,μC/OS 已经可以运行在部分资源增强的 51 核单片机内。

2004 年左右,ARM7 架构的单片机已经可以运行"定制"的 Linux 操作系统,如裁减掉 MMU(Memory Management Unit)的 μCLinux 成为了 ARM7 系统的首选操作系统。随后推出的 ARM9 结构的处理器则可以直接运行完整版本的 Linux 操作系统。同时期,随着消费电子市场的发展,尤其是多媒体处理需求的不断增长,一些特殊的 32 位嵌入式单片机也随之出现,其通过集成多媒体编解码电路单元可以提供视频解码等功能,例如,AVR 的 32 位单片机的开发板如图 1-7 所示。

图 1-7 AVR 32 位单片机开发板

2007 年左右,手机生产企业开始推出基于 XScale(俗称 ARM10 架构)平台的智能手机产品,这些产品多数采用了 Windows CE 操作系统,如图 1-8 所示;另外一个著名的手机生产企业 Nokia 公司也同时推出了面向消费领域的嵌入式操作系统——塞班操作系统,如图 1-8 所示。消费者第一次真正开始普及并使用多任务切换的"智能"嵌入式终端设备。

苹果公司是目前全球著名的 IT 企业之一,创新产品直接推动了嵌入式系统在消费领域的发展,尤其是 2007 年左右推出的 iPhone 智能手机(如图 1-9 所示)革新了消费者对于手机的概念,第一次将手机从一个专用的通信设备变成了一个电子"消费品"。其中,最主要的创新是提出了全屏多点触摸的交互方式,将传统的键盘交互方式提升到更加直接、精确的交互方式;另外,围绕 iPhone 等智能移动终端设备构建

数字电子系统、嵌入式、移动互联网与云计算

图1-8 WinCE系统和塞班系统

了一套高质量的软件生态系统,使得 iPhone 具备了软件的扩展性和多样性,人们第一次感觉到手机功能越来越强大。

图1-9 第一代 iPhone 智能手机

Google 公司通过收购获得了 Android 系统的全部产权,也推出了自己的智能移动终端设备,如 Nexus 系列产品,如图1-10所示。Google 公司已经在互联网领域取得了巨大的成就,其搜索和邮箱等提供了高质量的在线服务,因此,Android 系统也将谷歌搜索和 Gmail 等服务直接整合到了 Android 系统内部。同时,谷歌公司将 Android 系统全部开源,很多智能手机厂商都选择 Android 系统作为其产品的嵌入式操作系统。在交互方式上,Android 系统同样采用了全屏多点触摸的方式进行人机交互,目前全屏多点触摸的交互方式成为了手机交互的标配方式;同时,越来越多高质量的手机软件也可以运行在 Android 系统上,例如,人脸美化、微博、QQ、地图导航和 Android 版本的 Office 软件等。

近些年,智能嵌入式终端设备已经不再局限于手机和平板等产品,像可穿戴式消

5

嵌入式系统与云计算开发——基于 Android 系统的实验案例基础教程

图 1-10　基于 Android 系统的 Nexus 智能手机和平板

费电子产品也走入了人们的视野。目前,这类可穿戴式消费电子产品主要以苹果公司和 Android 系统的产品为主,如苹果公司的 Apple Watch 和以 Android Wear 系统构建的 MOTO360 智能手表,如图 1-11 所示。

图 1-11　AppleWatch 和 MOTO360 智能手表

总的来说,嵌入式终端发展已经开始出现一些新的特点:
(1) 功能的不断完善和性能的不断提升开始侵占原有的 PC 市场;
(2) 以手机为代表的嵌入式终端设备开始成为人们每时每刻信息获取的发起点,大部分收发信息都是通过手机和平板完成的;
(3) 数据的交互不再以 Byte 来计算,每天通过手机产生的数据可以高达几百兆字节,直接推动了数据挖掘和移动互联网的发展;
(4) 软件生态的不断发展,以手机为代表的嵌入式终端设备需要一个性能更高的计算平台来支撑包括网络影视、在线游戏等服务的运行,这与云计算形成了优势互补;
(5) 嵌入式终端的存储和计算与其功耗的矛盾日益严重;

(6) 越来越多的个人信息存储到嵌入式终端上,数据安全成为了一个热门话题;

(7) 移动终端的嵌入式系统成为了嵌入式发展的一个主要方向。

目前已经有人提出嵌入式终端,尤其是手机和平板等移动终端可以替代传统的 PC 业务,甚至有人提出 PC 会消亡的大胆假设。今天看来,嵌入式终端,尤其是智能移动终端早已成为人们每天不可或缺的一个"随身物品",而且人们不仅仅需要一部能打电话和发短信的手机,更需要可以随时安装和享受各种上网服务的手机。

1.2 嵌入式终端与移动互联网的发展

2005 年前后,2G 网络开始为人类提供了有限的信息服务,因为受限于带宽,仅能够满足类似 QQ、Wap 网页访问等小数据的移动互联网访问,像电子商务、在线音乐和在线视频等服务需要更高的有线宽带支撑,这也限制了移动终端的发展。2008 年,我国推行 3G 移动网络后才开始逐渐改善移动互联网络的环境,同时 Android 系统和 iOS 系统的不断完善以及软件生态系统的不断发展,使得原来很多不可行的移动互联网应用和业务变为可行,例如,微博浏览、短视频在线观看的需求出现了爆发式的增长,人们开始能使用图片和视频进行社交和信息分享;同时,移动互联网网速和带宽的极大提升使得原来只能在 WIFI 环境下播放的视频也可以在移动互联网环境下播放,直接推动了网络影视等行业的发展。到了 2013 年左右的 4G 移动网络时代,更多的传统互联网企业开始将关注点从 PC 转移到了手机或者平板电脑方向,甚至有些企业为了巩固移动互联网的消费群体,推出了使用手机客户端软件的各类业务优惠等。一些常见的移动互联网手机软件图标如图 1-12 所示。

图 1-12 移动互联网手机应用软件图标

目前,以手机为代表的嵌入式终端早已成为一个多功能、多信息的智能信息处理终端,紧密地和使用者粘合在一起,提供各种个性化的服务。从中国互联网络信息中心(CNNIC)发布的《中国互联网络发展状况统计报告》也可以看出:移动互联网的发展与嵌入式终端的发展具有密切的关系。其中,《第 23 次中国互联网络发展状况统计报告》显示,2008 年使用手机上网的网民较 2007 年翻了一番多,达到 1.17 亿;《第

24次中国互联网络发展状况统计报告》显示,截至2009年6月,使用手机上网的网民达到1.55亿,半年内增长了32.1%;《第37次中国互联网络发展状况统计报告》显示,截至2015年12月,我国手机网民规模达6.20亿,其中90.1%的网民通过手机上网,只使用手机上网的网民数量达到1.27亿,占整体网民规模的18.5%,其中,网络环境的逐步完善和手机上网的迅速普及使得移动互联网应用的需求不断被激发。2015年,基础应用、商务交易、网络金融、网络娱乐、公共服务等个人应用发展日益丰富,其中,手机网上支付增长尤为迅速。截至2015年12月,手机网上支付用户规模达到3.58亿,增长率为64.5%,网民使用手机网上支付的比例由2014年底的39.0%提升至57.7%。此外,网民数量的激增和旺盛的市场需求推动了互联网领域更广泛的应用发展热潮。2015年,约1.1亿网民通过互联网实现了在线教育,1.52亿网民使用网络医疗,9 664万人使用网络预约出租车,网络预约专车人数已达2 165万。从这些数据中可以看出,嵌入式终端的发展与移动互联网是密不可分的。

1.3 云计算与移动终端的发展

推动嵌入式终端和移动互联网的发展还有另外一个重要的因素,即云计算。什么是云计算?云计算与传统互联网设施有什么不同?云计算就是一堆服务器吗?这些问题是每个涉及互联网行业的读者都想弄清楚的。虽然网络上对于这些问题有多种定义和回答,例如,百度百科对云计算(Cloud Computing)的定义为:基于互联网的相关服务的增加、使用和交付模式,通常涉及通过互联网来提供动态易扩展且经常是虚拟化的资源;美国国家标准与技术研究院(NIST)对于云计算的定义为:一种按使用量付费的模式,这种模式提供可用的、便捷的、按需的网络访问,进入可配置的计算资源共享池(资源包括网络、服务器、存储、应用软件、服务等),这些资源能够被快速提供,只须投入很少的管理工作,或与服务供应商进行很少的交互。对于云计算的定义在网络上有一定的差异,但一致的观点认为云计算不仅是有一定技术的创新,更重要的是一种商业模式的创新,其核心便是服务。

什么是服务呢?我们观看的有线电视是一种服务,按照付费的频道和时间能观看不同的节目;电和水对于我们也是一种服务,按照使用需求支付电费和水费获取相应的电力和水量。当然要使互联网设施能够做到按需使用,在技术上需要做出一定的创新,传统的以服务器或者机架、存储磁盘等个体租用的服务无法满足这种商业模式,因此虚拟化便成为了云计算重要的基础技术之一。通过虚拟化技术对传统的物理设备进行抽象化,按照需求提供不同能力的虚拟计算设备,例如,虚拟化的软件可以按照不同需求虚拟出不同配置的主机,从而向外提供租用服务;同时,服务和付费的颗粒度也可以做到非常地细化,使得服务可以按需使用并随时启动和停止。

在这样的模式下,云计算分为服务租用者和提供者两个群体。其中,服务的租用者无须关注计算服务的稳定性,只需要关注如何开发和部署服务,从而降低了移动互联网服务的开发难度，使得很多创新性的服务可以以极低的成本甚至零成本快速地完成部署，进一步推动了移动互联网软件生态系统的发展。目前，很多互联网创业者选择了云计算服务作为首选平台部署应用服务。而服务的提供者则专注于如何保证云计算资源运行的稳定性，同时依据不同需求提供不同层次的技术服务。例如，直接提供类似于传统计算资源，包括虚拟化后的主机服务或者存储服务等，即基础设施即服务（Infrastructure-as-a-Service）；提供计算框架或者处理引擎的计算服务，如语音识别、地图导航、视频转码和分发等处理服务，通过提供者在基础设施即服务上部署计算框架，服务的租用者通过编程接口将数据上传并完成数据处理服务，也就是平台即服务（Platform-as-a-Service）；还有直接通过网页等形式提供服务，如在线视频播放、文档在线编辑等，也就是软件即服务（Software-as-a-Serivce）。这三个层次的服务架构如图1-13所示。

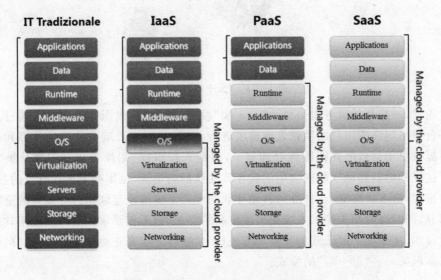

图1-13　云计算的三种层次服务架构图

除了商业模式创新所带来的优势外，云计算也需要相关的技术发展。目前，移动互联网的发展给云计算技术提出了更高的需求，例如，面对海量的数据存储和计算如何能提高资源的利用率，在节假日电商平台如何能快速地扩展计算能力，以便支撑海量的用户访问和数据交互，而在平时又如何能降低资源的冗余等。因此，云计算的出现可以认为是一种新的商业模式，也是一种技术发展的结果。

1.4　云+端的移动互联网服务架构

目前，大多数的移动互联网服务都采用类似于"云+端"的模式，这些软件需要和远端的后台服务器集群进行数据交互，如图1-14所示。例如，社交软件的特点要求终端之间可以进行数据交互和处理分析,而海量的数据分析处理无法通过各终端的有限计算能力来完成,因此需要云计算平台为其提供所需的高性能计算和存储能力的支撑。

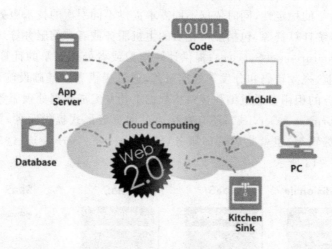

图1-14 "云+端"的模式

当然,一些新的服务也采用了"云+端"模式,例如,在线图像处理服务通过云计算平台对不同终端用户的图像处理需求进行分析,并利用云端高性能的计算和存储资源提供更加高效的在线图像处理服务,包括人脸识别、图像美化和图像分类等服务。这样的创新移动互联网应用不仅在改变我们的生活,也影响其所在行业的发展。总的来说,嵌入式终端、云计算和移动互联网成为了现阶段互联网行业发展的重要组成部分,同时也对相关技术人员提出了更高的要求,即不仅要掌握嵌入式应用软件的开发技术,还需要了解云端的开发和部署技术,这样才能真正地掌握移动互联网服务的基本框架——"云+端"的模式。

第 2 章

Android 发展历史与基础知识介绍

2.1 Android 系统的由来与架构

2.1.1 Android 系统的发展历史

现有的 Android 系统是由 Google 公司进行维护和升级的,但 Android 系统并不是由 Google 公司原生开发,开发 Android 系统原来的公司名字就叫做 Android。Google 公司在 2005 年收购了这个仅成立 22 个月的高科技企业。关于 Android 名字的由来也很富有故事性,Android 这个词最先出现在法国作家利尔·亚当在 1886 年发表的科幻小说《未来的夏娃》(如图 2-1 所示)中,作者将外表酷似人类的机器起名为 Android,这也就是 Android 机器人名字的由来。

图 2-1 《未来的夏娃》图书封面

相对于 Android 系统名称的由来,Android 系统的发展更具有趣味性,如图 2-2

所示。Android 系统以各种美食作为其各个版本的名称,而且每个版本都是按照美食的英文首字母顺序进行版本的排序。例如:
- 纸杯蛋糕(Cupcake 1.5),
- 甜甜圈(Donut 1.6),
- 松饼(Eclair 2.0/2.1),
- 冻酸奶(Froyo 2.2),
- 姜饼(Gingerbread 2.3),
- 蜂巢(Honeycomb 3.0),
- 冰激凌三明治(Ice Cream Sandwich 4.0),
- 果冻豆(Jelly Bean 4.1)。

图 2-2 Android 系统的版本图标

2008 年 9 月,Android 1.0 系统正式发布,包括支持 Google 的移动服务、多页面浏览、多任务处理、Wi-Fi、蓝牙和即时通讯等功能,并内置 Android Market 软件市场,支持 App 的下载和升级;2009 年 4 月,代号 Cupcake 的 Android 1.5 系统诞生,在原有 1.0 版本系统的基础上进行了改进,包括摄像头开启和拍照速度更快、GPS 定位速度大幅提升、支持触屏虚拟键盘输入以及上传视频和图像至网站等,系统主页面如图 2-3 所示。

2009 年 6 月,代号 Donut 的 Android 1.6 系统发布,相比较于 1.5 版本的系统,主要是对功耗和网络功能进行了改进,包括支持快速搜索和语音搜索,增加了程序耗电指示,在照相机、摄像机、相册、视频界面下各功能可以快速切换进入,支持 CDMA 网络和多语言文字声音,可以看出这些改进主要是在面向 3G 网络时,多媒体功能和网络耗电的优化等。2009 年 10 月,代号 Eclair 的 Android 2.0 和 2.1 系统连续发布,在 1.6 版本系统的基础上对 UI 界面重新设计,并开始注重对网络服务端的粘合服务,主要包括:支持添加多个邮箱账号、多账号联系人同步、微软 Exchange 邮箱账号、蓝牙 2.1 标准、浏览器采用新的 UI 设计和 HTML5 标准。

Android 发展历史与基础知识介绍

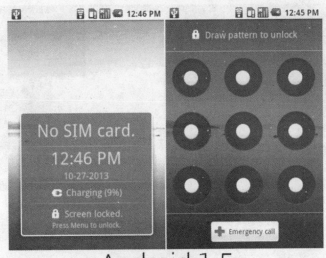

图 2-3　Android 1.5 系统的主界面

2010 年 5 月,代号 Froyo 的 Android 2.2 版本系统发布,Google 公司自己设计的 Nexus One 手机就是搭载 Android 2.2 系统。这个版本的 Android 系统成功吸引了消费者的关注,主要因为其对人机交互进行了改良,包括新增帮助提示功能的桌面插件、Exchange 账号功能的提升、热点分享功能、丰富的键盘语言和 Adobe Flash 10.1 等。2010 年 12 月,代号 Gingerbread 的 Android 2.3 系统发布,在 2.2 版本的基础上对网络、文字编辑等功能进行了优化,包括用户界面优化使得运行效果更佳流畅;新的虚拟键盘设计提升了文本的输入效率,并简化了文本选择、复制粘贴操作;支持 NFC 近场通信功能和网络电话。2011 年 2 月,代号 Honeycomb 的 Android 3.0 系统发布,这个版本的系统主要是针对平板电脑进行设计的,可以看作是一个独立版本的系统,如 Thinkpad Tablet 10 平板电脑采用了该版本的 Android 系统。该系统界面如图 2-4 所示。

2011 年 10 月,代号 Ice Cream Sandwich 的 Android 4.0 版本系统发布,这个系统同时支持智能手机、平板电脑、电视等设备,并且该版本系统重新设计了 UI 界面;基于 Linux 内核 3.0,其运行速度比 3.0 版本提升了 1.8 倍,并提供了 Android Market 购买音乐等服务,因此这个版本系统很快成为了搭载 Android 系统智能终端的"标配"系统。2012 年 6 月发布的代号 Jelly Bean 的 4.1 和 4.2 版本系统,从这个版本系统开始对多核性能进行优化,使得多媒体处理能力进一步得到提高;增加了 Photo Sphere 全景拍照、键盘手势输入、Miracast 无线显示共享和手势放大缩小屏幕等功能。截至 2016 年 2 月,Android 系统已经发展到了 7.0 版本,当然现在我们身边的部分嵌入式终端仍在使用 2.3、4.2 或者 5.1 版本的 Android 系统,也出现了包

图 2-4 基于 Android 3.0 系统的界面

括 Android Wear 这样智能穿戴操作系统。面对飞速发展的移动互联网和更高的消费需求，Android 系统也在不断的推陈出新，相信本书在出版的时候 Android 系统早已经到了 7.0 以上的版本。从整个 Android 系统的发展过程来看，Android 系统围绕着移动互联网和人机交互在不断地升级和改进，这也体现了 Android 系统是一个围绕着移动互联网发展的面向消费领域的嵌入式操作系统。可以说，Android 系统的发展历程浓缩了整个移动互联网行业的发展，也成为目前嵌入式技术的一个重要发展领域。

2.1.2 Android 系统结构的介绍

从 Android 系统发展的介绍可知，Android 系统也是一个以 Linux 内核为基础构建的操作系统，值得注意的是，本书并没有用 Linux 操作系统这样的词来进行说明，因为内核是操作系统的一个核心组件，不代表操作系统的全部。可以从一个基本架构来了解操作系统的构成，如图 2-5 所示。

读者可以从图 2-5 中看到一个完整的操作系统结构，内核是其中的一个组件。内核主要的任务是调度和管理设备的各种资源，同时对运行的程序进行调度，保证不同任务的正常执行。现在 Linux 内核的源码文件体积越来越大，除了新增了部分内核功能外，大部分的代码增长都用于不同的设备驱动和文件系统驱动等组件；当然内核也是一种程序，需要存储到磁盘或者固态存储器的某个空间位置，当设备上电时才被加载到内存并运行。为了进行文件和数据的读取，需要围绕着内核增加一个文件系统程序，通过文件系统接口管理设备的存储，常见的文件接口格式主要包括 FAT32、NTFS 和 EXT4 等。系统/应用库包括程序运行需要的基本函数接口，包括提供用户接口、命令行工具等。除此之外，设备在上电启动时需要一个程序进行引导，这样才能将操作系统内核从磁盘或者固态存储器中加载到内存中并运行，这个程

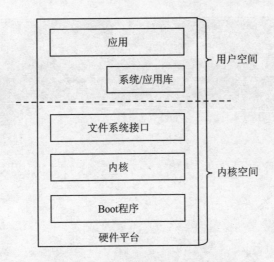

图 2-5　操作系统的结构示意图

序也被称为 Boot 引导程序,常见的 Boot 引导程序如 U-boot 等。

如图 2-6 所示,Android 系统的架构也是基于标准的操作系统框架。最底层是 Linux Kernel(Linux 内核),提供包括安全、内存管理、进程管理、网络通讯、驱动等服务;内核是各种进程中权限最高的进程,可以直接管理各种设备驱动,并直接和硬件进行数据的交互。在内核之上,Android 系统包括了一套库以便支持不同软件进程的运行,这些库通过 Android 应用框架进行调用,其中的库如 OpenGL 3D 渲染库,SSL 数据加密库和 Media Framework 多媒体处理库等;与这些库位于同一层的是 Android Runtime(支持 Dalvik 虚拟机,该虚拟机基于寄存器设计),这是各类 Android 程序运行的核心组件,负责管理各个进程服务的内存空间和资源,其中每个 Android 程序都运行在自己的进程空间上,享有虚拟机为它分配的专有资源。在早期的 Android 系统中,由于 Android Runtime 存在一定的缺陷,Android 程序在运行一段时间后会变慢,目前该组件已经得到了优化。Android Framework 提供了各类编程框架,这些框架可以基于 Java 语言来进行开发,主要功能有包含控件 View、资源管理器和进程管理器等。Applications(应用程序)包括了 Android 预装的一组核心应用程序,包括了 Email 客户端、短信服务、日历日程、地图服务、浏览器、联系人和其他应用程序,大部分的应用程序都是由 Java 语言开发的。

由于 Android 是基于 Linux 内核进行设计的,同时部分的库也是基于 C/C++ 语言设计的,因此,Android 系统也支持直接采用 C++ 或者 Java 混合 C/C++ 的方式进行程序设计。例如计步程序可以采用这种混合的方式进行开发,主要是由于 C/C++ 的执行效率比 Java 程序高,而且 C/C++ 能够直接嵌入汇编使得程序的执行效率进一步得到提高,使得读取加速度传感器时功耗更低,同时也提高了计步算法的效率,这个开发框架也被称为 Java Native Interface(JNI)。

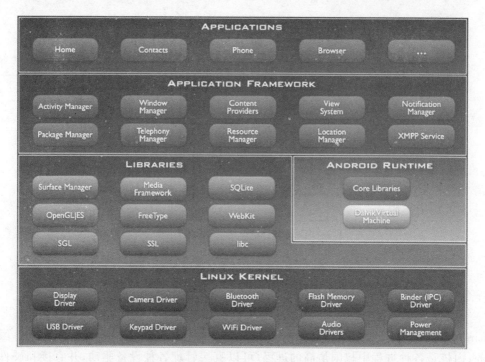

图 2-6 标准的 Android 操作系统框架示意图

2.2 与 Android 系统开发形影不离的 Java 和 XML 语言

2.2.1 Java 语言入门

Java 语言在语法上和大多数面向对象编程(OOP)的计算机语言类似,在这里本书假定读者已经基本掌握了 C 语言的基本语法,不再对过程控制和变量定义等进行介绍,主要介绍类和接口。

1. Java 与 C 语言的差异

任何一个熟悉 C 语言的设计者在分析程序代码时都会寻找 main()函数,因为找到了 main()函数也就找到了程序的主入口,能够按照代码的顺序并结合语法的规则进行"逐行"分析。同样 Java 程序也有一个 main()函数。类似于 C 语言,一个最简单的 Java 程序如 Exp_1:

Exp_1

```
public class Exp_1//①类的定义
{//②类成员变量或者类成员函数定义
    public static void main(String[] args) //③main()函数的定义
```

```
        {
            System.out.println("Hello Java!");//④调用打印函数在终端上打印"Hello Java!"
        }//③
}//②
```

由于 C 语言没有面向对象这个概念,初学面向对象编程的读者主要是对 class 这个关键词不熟悉。如果将 Exp_1 改为如下代码:

```
void main(String[] args)
{
    System.out.println("Hello Java!");//⑤调用打印函数在终端上打印"Hello Java!"
}
```

这与下面最简单的 C 语言程序几乎是一样的,当然上面简化后的代码是无法编译和运行的。

```
#include<stdio.h>
void main()
{
    printf("Hello World!");
}
```

Exp_1 程序代码的解释如下:
① 新建一个类,类名叫 Exp_1,类的关键字是 class;
② 类的主体,用一对大括号{}包含;
③ 类成员变量或者类成员函数定义:public 表示类成员函数的访问权限,static 表示静态的类成员函数,void 表示该函数没有返回值,main 是函数的名字,也就是熟知的主函数,String[] args 表示 main 函数的参数是一个 String 类型的数组,参数名称为 args;
④ 主函数中要执行的代码,这里将要在终端中输出"Hello World!"。
读者不了解为什么需要 class 这个关键词,这里先从类和对象开始介绍。

2. 类和对象的定义

如果把智能手机看作一个类,这个类有很多特点和功能(可以叫方法或者函数),例如电池用于供电、充电器用于补充电量、键盘用于输入、显示屏用于内容的显示以及运行多任务调度的嵌入式系统等。普通的手机这个类也具有其中的一些特点,例如键盘、显示屏和电池等,但没有多任务操作系统。这里已经定义了两个类,分别是一些功能和特点的抽象描述集合,也就是类的概念。在面向对象编程中,类是函数、变量的抽象描述集合,这个集合内所有的函数和变量都代表这个类的特点和方法。当然类不能直接使用,类的定义就像画一张设计图纸或者概念,图纸或者概念并不能直接使用,只能把图纸或者概念的产品生产出来才能使用。当然不同品牌的手机可能会有区别,例如电池的容量、显示屏的尺寸以及键盘的外形等,这需要在生产手机的时候进行确定,就是实例化。我们也可以在原有类的基础上增加一些功能,例如拍照手机具备摄像头、图像处理算法等,这就需要在智能手机这个概念上进一步改进,增加新的功能获得拍照手机这个类的定义。

按照上述介绍,类是某种事物特点和功能的抽象描述集合,但是并不真实存在;如果要用到类里面的方法和变量,必须把它做出来,也就是类的实例化,并产生这个类的对象。对比C语言:int是整型类型,int i 中 i 是 int 类型的对象,C 程序可以使用 i 这个对象。按照 C 语言的理解,如果将 i 看作变量,主要关心 i 所在内存空间的数据存储和变量的名字;如果将 i 看作对象,还需要关心 i 的类型。但在具体使用中,这两者都是对内存的一段描述,我们并不加以区分其是对象还是变量。如果不想改变类的任何属性和特点,这个类的定义就指定所对应对象的全部变量、属性和函数;如果想改变、新增或者重新定义某些类的特点,我们需要另外一个概念叫继承。上面这个例子,其实已经有了两重继承关系,智能手机继承于手机这个类,拍照手机又是从智能手机这个类中继承出来的。

回看 Exp_1 代码,在 Java 程序代码中,任何的函数都需要包含在一个类里面,因此 main()函数也需要包含到 public class Exp_1 内。我们将 Exp_1 程序可以修改为如 Exp_2 所示:

Exp_2

```
public class Exp_2 //①类的定义
{ //②类成员变量或者类成员函数定义
    String text = "Hello Java! ";//③类成员变量的定义
    public static void main(String[] args) //④main()函数的定义
    {
        System.out.println(text); //⑤调用打印函数在终端上打印"Hello Java!"
    }//④
}//②
```

在 Exp_2 内增加了一个 String 类型的 text 变量,这个变量可以认为是这个类的"全局变量",这个变量可以在该类的任何函数中进行读取或者修改,也被称为类成员变量。在 Exp_2 类中没有将 Exp_2 这个类进行实例化,因为 Exp_2 类包含了 main()函数,这个类也称为主类。主类比较特殊,该类一般不会被其他类调用,直接由计算机运行,并不会被实例化,因此 main()函数必须是静态的。Exp_2 在编译后报错,为什么呢?如前所述,类是不存在的,只有被实例化后才能使用,main()在 static 的作用下是静态的,这个函数会一直存在于内存中,且是唯一的,无论这个类有没有被实例化都已经存在于内存中并可以运行。但是 text 不是静态的,因此需要被实例化。正确的代码如下:

```
class Exp_2 //①类的定义
{ //②类成员变量或者类成员函数定义
    String text = "Hello Java!";//③类成员变量的定义
    public static void main(String[] args) //④main()函数的定义
    {
        Exp_2 a = new Exp_2();//实例化这个类
        System.out.println(a.text); //⑤调用打印函数在终端上打印"Hello Java!"
    }//④
}//②
```

上面的程序可以正常运行,证明了类 class 是"概念",概念里的任何事物(除了静态的函数和变量)不会直接存在,需要实例化以后才能真正在内存中使用它。其中 new Exp_2()为实例化后的对象分配内存空间,text 也会随着类的实例化获得内存空间的分配。

在 Exp_2 中,public 关键字的作用是什么？在 C++、C#和 Java 中对于类内的成员有三种不同的属性,包括：public、private 和 protected。其中 public 定义的类成员可以被其他类外部调用;private 定义的类成员只能被自己的其他类成员调用;protected 定义的类成员可以被所继承的类(子类)或者在同一个包内的其他类调用。
修改 Exp_2 如 Exp_3 所示：

Exp_3

```
public class def //①类的定义
{//② 类成员变量或者类成员函数定义
    String text = "Hello Java!";//③类成员变量的定义
    public void print_out() //④main()函数的定义
    {
        System.out.println(text);//⑤调用打印函数在终端上打印"Hello Java!"
    }//④
}//②
```

```
class Exp_3 //①类的定义
{ //②类成员变量或者类成员函数定义
    def def_object = new def();//③定义一个类成员变量
    public static void main(String[] args) //④main()函数的定义
    {
        Exp_3 a = new Exp_3();//实例化这个类
        a.def_object.print_out(); //⑤调用打印函数在终端上打印"Hello Java!"
    } //④
} //②
```

在 Exp_3 中一个新的类——def 类被定义,它具有一个类成员变量和一个类成员函数。在 Exp_3 中将 def 这个类定义为 Exp_3 类的一个类成员变量——def_object，也就是在 Exp_3 类中被实例化，让这个对象能在计算机内存中"的确存在"。def_object.print_out()通过一个"."从外部调用这个对象中的类成员函数或者类成员变量，例如 public void print_out()函数。如果我们把 public void print_out()改为 private 或者 protected，这样的调用是非法的，因为 private 禁止其他类从外部调用。Exp_3 可以再改变部分内容，如 Exp_4 所示：

Exp_4

```
public class def //①类的定义
{ //②类成员变量或者类成员函数定义
    String text;//③类成员变量的定义
    public def()//④类成员函数的定义
    {
        text = "Hello Java!";//⑤为类成员变量赋值"Hello Java!"
    }//④
    public void print_out() //④ 类成员函数的定义
    {
        System.out.println(text); //⑤调用打印函数在终端上打印"Hello Java!"
    }//④
}//②

class Exp_4 //①类的定义
{ //②类成员变量或者类成员函数定义
    def def_object = new def();//③ 定义一个类成员变量的定义
    public static void main(String[] args) //④类成员函数的定义,main()函数的定义
    {
        Exp_4 a = new Exp_4();//实例化这个类
        a.def_object.print_out(); //⑤调用打印函数在终端上打印"Hello Java!"
    }//④
}//②
```

上面的这个程序结果和 Exp_3 的相同，但会有这样的疑问：def 类中的 def()类成员没有调用，text = "Hello Java!"这行代码是怎么被执行的呢？在 C++或者 Java 中，如果一个类的类成员函数名和类的名字相同，那么这个函数就叫作构造函数。顾名思义，构造函数在类构造（即类被实例化）的时候被自动调用，一般可以看作是初始化函数。在 Exp_3 中没有把这个构造函数进行定义是不是不需要调用构造函数呢？任何一个类都有一个和类名一样的构造函数，这个函数如果不定义出来就会被默认有一个空的构造函数。可以再把 Exp_4 进行修改如 Exp_5 所示：

Exp_5

```
public class def //①类的定义
{//②类成员变量或者类成员函数定义
    String text;//③类成员变量的定义
```

```
    public def(String text_s)//④类成员函数的定义
    {
        text = text_s;//⑤为类成员变量赋值"Hello Java!"
    }//④

    public void print_out() //④类成员函数的定义
    {
        System.out.println(text); //⑤调用打印函数在终端上打印 "Hello Java!"
    }//④
}//②
```

```
class Exp_5 //①类的定义
{ //②类成员变量或者类成员函数定义
    def def_object = new def("Hello Java! ");//③ 定义一个类成员变量的定义
    public static void main(String[] args) //④main()函数的定义
    {
        Exp_5 a = new Exp_5();//实例化这个类
        a.def_object.print_out(); //⑤调用打印函数在终端上打印"Hello Java!"
    }//④
}//②
```

def 类的构造函数有一个参数,这个参数将在类被实例化的时候传入,用来初始化类的对象。如果还是按照上一个实验:def def_object = new def(),会导致编译不通过,由于构造函数名相同,仅参数类型和数量不同,这时带参数的构造函数就会覆盖默认不带参数的构造函数,从而编译器找不到不带输入参数的类构造函数,这其实是函数重载的结果。如果我们定义了带参数的构造函数,在实例化过程中调用了没有参数的构造函数,那么就需要将这个默认的构造函数重写并定义出来。把 Exp_5 改成如 Exp_6 所示的代码,可以正确运行:

Exp_6

```
public class def //①类的定义
{ //②类成员变量或者类成员函数定义
    String text;//③类成员变量的定义
    public def()//④类构造函数的定义
    {
        text = "Hello Java! ";//⑤为类成员变量赋值"Hello Java!"
    }//④

    public def(String text_s)//④类构造函数的定义
    {
        text = text_s;//⑤为类成员变量赋值"Hello Java!"
    }//④

    public void print_out() //④类成员函数的定义
```

```
            {
                System.out.println(text); //⑤调用打印函数在终端上打印"Hello Java!"
            }//④
}//②

class Exp_6 //①类的定义
{//②类成员变量或者类成员函数定义
    def def_object = new def();//③ 定义一个类成员变量的定义
    public static void main(String[] args) //④main()函数的定义
    {
        Exp_6 a = new Exp_6();//实例化这个类
        a.def_object.print_out(); //⑤调用打印函数在终端上打印"Hello Java!"
    }//④
}//②
```

从上述程序中可以发现一个类可以有多个构造函数,但是都需要显示调用所对应的构造函数。什么叫显示调用呢？就是指在代码中调用函数被明确写出来,例如,"Exp_6 a = new Exp_6();"是显示调用不带参数的构造函数。注意:Java 和 C++在内存的管理上有所不同,C++有构造函数,同时也有析构函数用来做内存和变量的回收和释放操作,而 Java 是自动的内存回收机制,不用关心变量释放的问题,没有析构函数。但 Java 也提供了 finalize()函数,该函数类似于析构函数,并可以在这个函数中添加一些操作进行回收处理,例如:

```
protected void finalize()
{
    //做一些回收的功能
}
```

对继承的使用,可以再次修改 Exp_6 如 Exp_7 所示:

Exp_7

```
public class father//①类的定义
{//②类成员变量或者类成员函数定义
    String text = "Hello Java!";//③ 类成员变量的定义
    publicfather()//④类构造函数的定义
    {
        text = "Hello Java! ";//⑤为类成员变量赋值"Hello Java!"
    }//④

    publicfather(String text_s)//④类构造函数的定义
    {
        text = text_s;//⑤为类成员变量赋值"Hello Java!"
    }//④
```

```
    public void print_out()//④类成员函数的定义
    {
        System.out.println(text);//⑤调用打印函数在终端上打印"Hello Java!"
    }//④
}//②

public class def extends father//①类的定义
{//② 类成员变量或者类成员函数定义
    public void print_out()//④类成员函数的定义
    {
        System.out.println(text);//⑤调用打印函数在终端上打印"Hello Java!"
    }//④
}//②

class Exp_7 //①类的定义
{//②类成员变量和类成员函数定义
    def def_object = new def();//③定义一个类成员变量的定义
    public static void main(String[] args) //④main()函数的定义
    {
        Exp_7 a = new Exp_7();//实例化这个类
        a.def_object.print_out();//⑤调用打印函数在终端上打印"Hello Java!"
    }//④
}//②
```

上述程序新定义了一个类叫 father,并在 def 这个类定义中增加了一个关键词 extends,这个关键词指明继承的关系,即指明 def 是从 father 这个类中继承出来的,因此 def 称为 father 的子类。text 变量在 father 类里面已经定义,子类同时也可以有这个变量,因此可以使用父类中的类成员变量。这主要是由于实例化一个子类,那么父类也会被实例化,并且是早于子类被实例化,如图 2-7 所示。

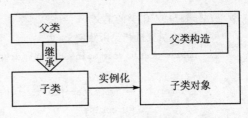

图 2-7 子类构造过程

接口和类的继承非常相似,但存在区别。最简单的接口程序如 Exp_8 所示:

Exp_8

```
    public interface inter_f//①接口的定义
    {//②接口成员变量或者成员函数定义
    public static final String test = "This is interface object!";//③定义一个接口成员变量
    void inter_fun();//④接口成员函数的定义
    }
```

```
class Exp_8 implements inter_f//①类的定义
{//②类成员变量和类函数定义
    public void inter_fun()//③重写接口函数
    {
        System.out.println(test);
    }
    public static void main(String[] args) //  ④main()函数的定义
    {
    exp a = new exp();//实例化这个类
    a.inter_fun(); // ⑤调用打印函数在终端上打印接口中test的内容
    }//④
}//②
```

上述代码中，首先定义了接口——inter_f，包括一个成员变量test和一个成员函数inter_fun()，可以看到接口内的成员函数只有特征，即函数的名称、参数和返回类型等，没有具体的实现方式；成员变量必须是静态final属性，即该变量不可修改。接口作用在Java中实现对函数的定义进行规范，但不具体实现。在Exp_8中，我们需要具体实现接口的成员函数——inter_fun()。implements关键词是指定某个类具体实现这个接口。注意：接口不能被实例化，无法生成对象。在Android开发中，我们需要接口相关的另外一个类——内部匿名类。

有的时候在某个类的内部，我们需要一个特殊的类去实现接口并产生一个对象以便调用接口函数，但接口是无法实例化的，这个时候我们可以使用内部匿名类，如Exp_9所示：

Exp_9

```
class Exp_9//①类的定义
{//②类成员变量和类函数定义
    public static void main(String[] args) //③ 类函数的定义
    {
    inter_f i = new inter_f() {//④ 内部匿名类
        @Override
        public void inter_fun() {//⑤ 内部匿名类的接口的实现
        System.out.println(test);
        } ;//④
    i.inter_fun();
    }//③
}//②
```

上述代码中，我们看到了"new+接口"，这样的代码合法吗？在Java中，上述代码其实并不是将接口实例化，而是生成了一个没有命名(匿名)的类(④大括号内)并将接口进行实现，这个类包含在Exp_9类中，叫做内部匿名类；i就是这个内部匿名类的对象,并通过这个对象调用了接口函数。在 Android 开发中,匿名内部类是最常使用的方法,包括按键响应函数的设计和多线程的设计等。注意:匿名内部类必须继承于一个父类或者实现一个接口。

3. this 与 import 的使用

虽然 Java 没有指针,但是和 C++类似,Java 类自身可以使用一个特殊的指针来访问自己的成员,即 this 指针。访问本类的成员操作如:this.text = "Hello Java!"。

import 类似于 C 语言的 #include 语句。类比于 C 语言,可以在一个头文件中定义很多的类,如果把头文件看作一个空间,那么所有位于这个头文件中的类都处于同一个空间内,代码如下:

```
package mypackage;
public class father1//①类的定义
{
............
}

public class father2//①类的定义
{
............
}

public class father3//①类的定义
{
............
}
```

如果需要在另外一个文件中引入这些类,代码如下:

```
import mypackage.*;
public class def_1//①类的定义
{
father1 f1 = new father1();
father1 f2 = new father2();
father1 f3 = new father3();
............
}
```

其中"import mypackage.*"的"*"号指明将 mypackage 下所有的包和类全部引入到这个文件中;也可以只引用其中一个类,例如 import mypackage.father1。

2.2.2 XML 语言入门

入门 Android 开发至少需要了解两门语言,Java 和 XML 语言,也需要了解这两类语言设计的程序是如何进行交互的。首先需要了解 XML 的基础语法。

XML 是 Extensible Markup Language 的简写,即扩展性标识语言。在 Android 开发中,XML 语言更像一种用来描述显示界面上"块"属性的语言,一个块(XML 称为元素)是描述一个组件的功能或者属性,因此这个"块"可以有很多的属性和可选的标签进行描述;当然一个"块"也可以包含到另外一个块内部(XML 称为嵌套)。官方对于 XML 的解释是:XML 限定了进行标记时标签的书写格式(书写风格),即通过定义要使用的标签种类,就可以创造出一门新的标记语言,通常把这种用于创造语言的语言称作"元语言",这种语言的扩展性非常强,扩展一个功能或者属性仅需要增加一行标签就可以了。利用 XML 语言设计的界面如图 2-8 所示。

图 2-8　基本的 Android 界面

在图 2-8 中,读者可以直观地看到一个白色的"块"内包含了三个"块",分别是两个显示"Hello Android!"、"New Text"的文本"块"和一个按键"块",它们有相对的位置顺序,在 Android 的 XML 代码中描述如下:

```
<? xml version = "1.0" encoding = "utf-8"? >
<RelativeLayout
xmlns:android = "http://schemas.android.com/apk/res/android"
xmlns:tools = "http://schemas.android.com/tools"
android:layout_width = "match_parent"
android:layout_height = "match_parent"
android:paddingLeft = "@dimen/activity_horizontal_margin"
```

```
    android:paddingRight = "@dimen/activity_horizontal_margin"
    android:paddingTop = "@dimen/activity_vertical_margin"
    android:paddingBottom = "@dimen/activity_vertical_margin"
    tools:context = "com.example.eelilei.myapplication.MainActivity">

    <TextView
        android:text = "Hello Android!"
        android:layout_width = "wrap_content"
        android:layout_height = "wrap_content"
        android:id = "@ + id/textView2" />

    <TextView
        android:layout_width = "wrap_content"
        android:layout_height = "wrap_content"
        android:text = "New Text"
        android:id = "@ + id/textView"
        android:layout_below = "@ + id/textView2"
        android:layout_alignParentLeft = "true"
        android:layout_alignParentStart = "true" />

    <Button
        android:layout_width = "wrap_content"
        android:layout_height = "wrap_content"
        android:text = "New Button"
        android:id = "@ + id/button"
        android:layout_below = "@ + id/textView"
        android:layout_alignParentLeft = "true"
        android:layout_alignParentStart = "true" />
</RelativeLayout>
```

上述代码的开头申明了 XML 的文档类型和语言版本,并指定了编码类型,代码如下:

```
<? xml version = "1.0" encoding = "utf - 8"? >
```

RelativeLayout 代码部分是整个白色"块"的范围,也是这个 XML 文件中的根元素,其他的元素("块")必须被包含到这个元素("块")中。

```
<RelativeLayout
    ……
</RelativeLayout>
```

同时这段代码指明了内部的位置关系,代表这个白色"块"类型是相对布局类型,即描述这个"块"的内部布局的位置关系。它包含的其中一个文本"块"的框架代码如下：

```
<TextView
    ……
/>
```

细心观察发现,这两者从开头到结尾的结构相似,都是以"<名字"开始。"/>"或者"</名字>",这两个符号之间的任何语句都是描述这个"块"(元素)的属性或者包含在这个"块"内部的其他"块"。下面的代码就是表述 RelativeLayout 的属性：

```
xmlns:android = http://schemas.android.com/apk/res/android
xmlns:tools = "http://schemas.android.com/tools"
android:layout_width = "match_parent"
android:layout_height = "match_parent"
android:paddingLeft = "@dimen/activity_horizontal_margin"
android:paddingRight = "@dimen/activity_horizontal_margin"
android:paddingTop = "@dimen/activity_vertical_margin"
android:paddingBottom = "@dimen/activity_vertical_margin"
```

主要对包括高度、宽度和与边界的距离等属性的描述。与此类似,文本"块"的内容则是：

```
<TextView
android:text = "Hello Android!"
android:layout_width = "wrap_content"
android:layout_height = "wrap_content"
android:id = "@ + id/textView2" />
```

其中 android:text 描述了显示的文本内容属性,android:layout_width 描述了宽度属性,android:layout_height 描述了高度属性,android:id 描述这个块的 id 名称。另外按键"块"描述也类似：

```
<Button
android:layout_width = "wrap_content"
android:layout_height = "wrap_content"
android:text = "New Button"
android:id = "@ + id/ btn1"
android:layout_below = "@ + id/textView"
android:layout_alignParentLeft = "true"
android:layout_alignParentStart = "true" />
```

可以发现和 TextView 文本"块"是类似的,它们的区别在于<TextView 和<Button 分别指明了这个"块"的类型,其他的类型"块"也是类似的结构。

2.2.3 Android 程序的基础知识

打开一个新的 Android 工程,看到的 Java 程序代码如下:

```
package com.example.test.myapplication;
import android.support.v7.app.AppCompatActivity;
import android.os.Bundle;
public class MainActivity extends AppCompatActivity {
    @Override
    protected void onCreate(Bundle savedInstanceState) {
        super.onCreate(savedInstanceState);
        setContentView(R.layout.activity_main);
    }
}
```

在这个工程中找不到 main() 函数,工程内没有其他类似的 Java 代码文件。这段程序代码能执行吗?参考官方的资料解释如下:

Android 程序是以进程为对象的,其中一个 Android 进程应该包含至少一个 Activity。在新建的工程中会默认创建一个 Activity,这个 Activity 就是程序的主入口。在工程中的 AndroidManifest.xml 文件中,我们可以看到如下内容:

```
<activity android:name=".MainActivity">
<intent-filter>
<action android:name="android.intent.action.MAIN" />
<category android:name="android.intent.category.LAUNCHER" />
</intent-filter>
</activity>
```

action 这个元素中的"android.intent.action.MAIN"属性表明".MainActivity"是程序的主入口,category 中的"android.intent.category.LAUNCHER"则是把这个 Activity 归属到加载器类中,即把这个 Activity 标注为自动会加载和启动的 Activity,并在程序启动时会加载这个 Activity。

因此,我们在开发 Android 程序时,其工程框架已经创建了一个可以执行的 Java 程序代码文件,并编译可运行。在某一个可修改的类中,如 MainActivity 类在合适的位置增加所需要的逻辑代码就可以完成程序的设计。其实这样的设计框架不仅存在于 Android 开发中,包括 Windows Phone 开发等也相似。并且读者可以自行验证,一个新创建的 Android 工程不做任何修改,已经可以编译运行。

现在提出一个问题:在屏幕上按下一个按键,程序会做出判断和响应。一般来说,界面设计程序是不参与逻辑操作的,在 Android 程序中,这个判断和响应操作是 Java 程序实现的,那么 XML 设计的界面和 Java 程序到底是如何进行交互的呢?我们进一步扩展并明确"块"的定义：在 Android 的开发中，这些可以显示的"块"真正的名称是"控件"。根据百度百科的定义：控件是对数据和方法的封装，可以看出，在程序中控件其实也是一种类，不仅仅是界面显示属性的描述，同样 Java 程序中也有与 XML 中相同的"控件"类。交互的关键是控件的类型和内部的属性：android:id。在 Java 程序代码中可增加对应的控件类型对象（控件对象）并与界面中的控件进行"映射"，如按键控件对象的映射，代码如下：

```
Button btn1 = (Button)findViewById(R.id.btn1);
```

注意：XML 语言中的"android:id="@+id/btn1""和"R.id.btn1"内容是相同的，其中 id 是 XML 中的控件和 Java 程序进行交互的主要媒介，通过这个 id 的使用，使用者在屏幕上对这个按键控件进行操作，Java 控件类型对象也会同步进行变化，即"映射"过后的界面中的控件和 Java 程序中的控件对象是同一个对象，修改其中一个，另外一个也会同时发生改变。这个过程的本质是 findViewById()函数通过 R 文件中指定的 id 获取界面的控件，并将这个对象赋给 Java 程序中对应的控件对象，为了通俗易懂，这个操作可看作是两类代码程序中控件的"映射"。在完成"映射"后，可以通过 Java 程序的逻辑来动态地改变这个控件的属性，例如改变控件的位置、颜色等属性；甚至"映射"也可以通过 Java 程序代码进行动态修改。（注意：由于本质上 findViewById()已经可以获取界面中的控件，因此使用过程中并不一定需要对应的 Java 控件对象进行"映射"，可以直接使用 findViewById()获取界面中的控件，并调用相关类成员函数进行操作，详见第四章实验部分。

其中 R.id.btn1 包含在了 R 这个类的内部，即 Android 程序中的资源文件。可以看到这个文件的基本代码如下：

```
package android.support.v7.appcompat;
public final class R {
......
public static final class id {
    public static final int action0 = 0x7f0c0053;
    public static final int action_bar = 0x7f0c0041;
    public static final int action_bar_activity_content = 0x7f0c0000;
    public static final int action_bar_container = 0x7f0c0040;
    ......
    }
}
```

我们在这个文件中可以找到这个控件的 id 编码数值，一般而言 R 类是自动生成的，不需要开发者手动添加，这个类相当于一个资源（Android 认为任何控件以及属性都是资源，包括内容、颜色、布局等）管理器。

2.3 Android系统开发的环境介绍

目前Android程序的开发环境可选择两种IDE(Integrated Development Environment,集成开发环境),即Eclipse和Android Studio。

其中Eclipse是一种通用的IDE,可支持多种语言的开发,如图2-9所示。

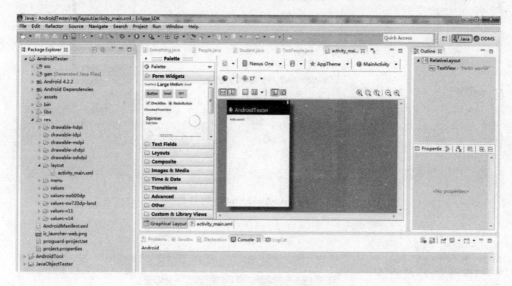

图2-9 Eclipse的界面

Android Studio则是专门面对Android工程的开发软件环境,安装和配置过程比Eclipse更加简单,同时Android Studio已经自带了SDK管理器。本书的实验案例是基于Android Studio环境进行设计的。

在Android Studio安装完成后,界面如图2-10所示,和Eclipse类似。

在进行Android程序开发前,为了方便调试,我们可以创建一个模拟器用于模拟测试设计的程序的功能,具体过程如下:

(1) 在IDE的Tool菜单中找到AVD Manager子菜单,通过这个菜单可以创建Android设备,包括模拟设备配置和系统版本的选择,如图2-11所示。

在完成设备配置和系统版本的选择后,可以直接启动所创建的Android虚拟设备,效果如图2-12所示。

注意:Eclipse直接编译后会生成apk安装包文件,其位于工程目录下的bin文件夹内;Android Studio可通过菜单Build→Generate Signed APK,在输入秘钥信息后生成apk安装文件。

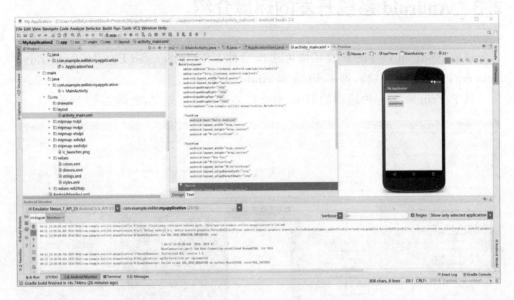

图 2-10 Android Studio 的界面

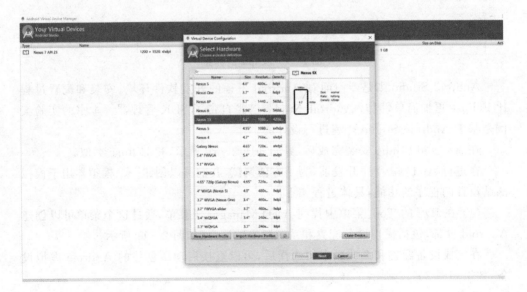

图 2-11 AVD 配置界面

Android 发展历史与基础知识介绍

图 2-12　AVD 虚拟设备界面

第 3 章

Android 开发基础实验案例

3.1 第一个 Android 应用设计实验
   ——控件使用基础实验案例

实验目的：熟悉 Android 控件基本使用方法

实验案例内容：

使用 Android Studio 创建 Android 工程的主要步骤如下：

(1) 在打开的 Android Studio 界面中选择 File→New→New Project，如图 3-1 所示。

图 3-1 创建 Android 工程菜单选项

(2) 在弹出的对话框中输入 Application name、Company Domain 信息，指明工程的名称和工程所属的部门信息，一般认为 Company Domain 是 Android Studio 工程空间的一个命名。Project location 是这个工程创建后的保存位置路径，如图 3-2 所示。

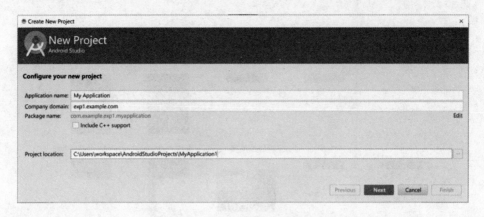

图 3-2 Android 工程创建界面

（3）在属性配置界面中，可配置工程能兼容的最低 API 级别，即最低可运行的 Android 系统版本，并且可以选择支持 Wear、TV 和 Glass 等设备，如图 3-3 所示。

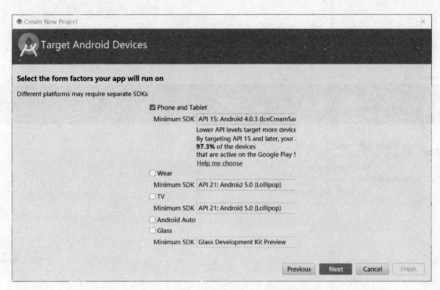

图 3-3 Android 工程属性配置界面

（4）在工程模板选择界面中可以选择合适的基础工程模板，即默认的主界面风格，如图 3-4 所示。

（5）在主 Activity 创建界面中，我们可以定义这个工程主 Activity 的名称（Android 系统中一个进程可以包含多个 Activity，主 Activity 一般运行在主线程中）Activity Name 和主界面 XML 布局文件的名称 Layout Name，如图 3-5 所示。

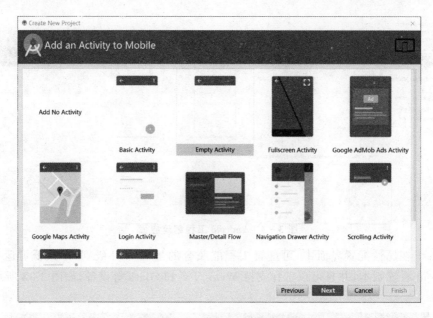

图 3-4 Android 工程模板选择

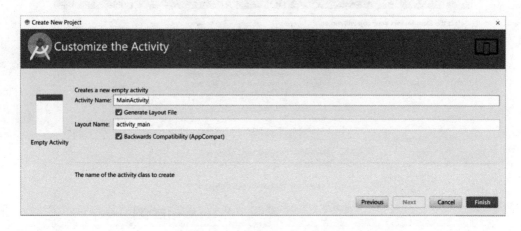

图 3-5 主 Activity 创建界面

（6）完成 Android 工程的创建后，我们可以在 AVD 管理菜单中创建一个虚拟的 Android 设备用作程序的仿真和调试，如图 3-6 所示。

默认创建的 Android 工程可以在不做任何修改的情况下直接运行。选择 Run→Run'App'菜单项，并选择已创建的 Android 虚拟设备运行该程序，运行效果如图 3-7 所示。

对于一般开发而言，在所创建的 Android 工程中主要了解 java 目录、res 目录和 manifests 目录，如图 3-8 所示。

（1）manifests 文件夹内包含了一个名为 AndroidManifest.xml 的文件，该文件

Android 开发基础实验案例 3

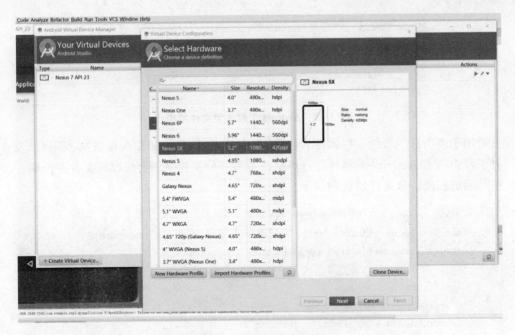

图 3-6　AVD 管理界面

图 3-7　Android 工程直接运行的效果图

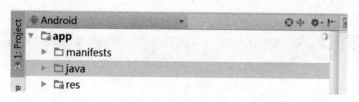

图 3-8　Android 工程主要文件结构

主要用于声明该工程的一些属性和权限，如拨打电话、发送短信等服务的权限，以及对工程中的主 Activity 的属性进行声明。本书部分实验案例会修改该文件并声明一些功能的权限。该文件的代码如下：

```xml
<?xml version="1.0" encoding="utf-8"?>
<manifest xmlns:android="http://schemas.android.com/apk/res/android"
    package="com.example.exp1.myapplication">

    <application
        android:allowBackup="true"
        android:icon="@mipmap/ic_launcher"
        android:label="@string/app_name"
        android:supportsRtl="true"
        android:theme="@style/AppTheme">
    <activity android:name=".MainActivity">
    <intent-filter>
    <action android:name="android.intent.action.MAIN" />
    <category android:name="android.intent.category.LAUNCHER" />
    </intent-filter>
    </activity>
    </application>
</manifest>
```

（2）res 文件目录内包含了该工程可使用的资源，如界面布局、图片、颜色和字符串等，如图 3-9 所示。

res 目录下的一个重要文件是 layout 目录下的 activitiy_main.xml 文件，该文件主要是描述主界面布局的 XML 代码，具体如下：

```xml
<?xml version="1.0" encoding="utf-8"?>
<RelativeLayout xmlns:android="http://schemas.android.com/apk/res/android"
    xmlns:tools="http://schemas.android.com/tools"
    android:layout_width="match_parent"
    android:layout_height="match_parent"
    android:paddingBottom="16dp"
    android:paddingLeft="16dp"
```

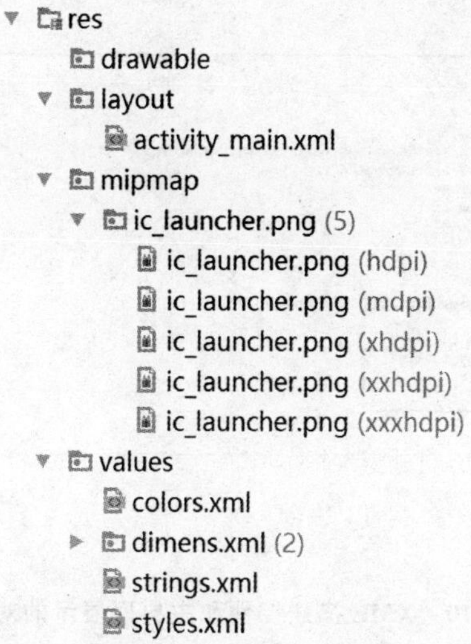

```
▼ res
    drawable
  ▼ layout
        activity_main.xml
  ▼ mipmap
    ▼ ic_launcher.png (5)
            ic_launcher.png (hdpi)
            ic_launcher.png (mdpi)
            ic_launcher.png (xhdpi)
            ic_launcher.png (xxhdpi)
            ic_launcher.png (xxxhdpi)
  ▼ values
        colors.xml
     ▶ dimens.xml (2)
        strings.xml
        styles.xml
```

图 3-9　res 文件目录结构

```
    android:paddingRight = "16dp"
    android:paddingTop = "16dp"
    tools:context = "com.example.exp1.myapplication.MainActivity">

<TextView
    android:layout_width = "wrap_content"
    android:layout_height = "wrap_content"
    android:text = "Hello World!"
    android:id = "@ + id/textView" />
</RelativeLayout>
```

本书认为 XML 是描述控件的功能或者属性的语言。在上述代码中，主界面 RelativeLayout 控件中包含了另外一个控件，代码如下：

```
<TextView
    android:layout_width = "wrap_content"
    android:layout_height = "wrap_content"
    android:text = "Hello World!"
    android:id = "@ + id/textView" />
```

这个控件的类型是 TextView，即一个文本显示控件，该控件与程序运行主界面显示的对应关系如图 3-10 所示。

这个文本显示控件的 XML 代码描述了该控件的一些属性，例如，android:layout_width 和 android:layout_height 分别描述了这个控件的宽度和高度属性；android:text 描述了文本内容属性，即显示的是"Hello World!"；android:id 则是给这个控件添加一个 id 属性。

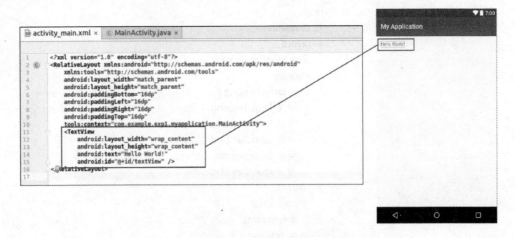

图 3-10　XML 描述控件和主界面显示的对应关系

设计主界面也可以采用可视化的方式进行，即在 Android Studio 或者 Eclipse 中也同步具备一个可视化的界面设计窗口，我们可以同步看到 activitiy_main.xml 所描述界面的设计效果。同时，也可以直接在这个可视化的界面设计窗口中直接通过鼠标拖曳这些控件来完成控件的增加和设计，其对应的 activitiy_main.xml 文件也会自动同步修改 XML 代码。其中，可视化的界面设计窗口如图 3-11 所示。

图 3-11　可视化的界面设计窗口

可以在 res 文件夹下增加其他资源到这个工程中，这里以新增一个图片并命名为 android-1.png 的图片资源为例，主要的过程如下：

首先将图片复制到 res 目录下 drawable 文件夹内，如图 3-12 所示。

图 3-12　res 文件目录下的 drawable 文件夹

在完成图片资源的复制添加后，我们可以看到在工程目录下的 drawable 文件目录内也新增了一个图片文件，如图 3-13 所示。

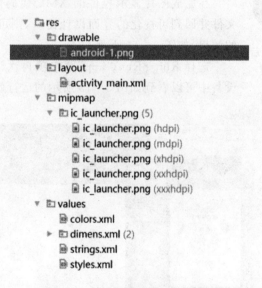

图 3-13　新增图片后的 res 工程目录

如果需要引用该图片资源，可以利用该图片在工程中的位置信息进行获取，通过如下格式完成引用：@路径+"/"+文件名，如"android:src="@drawable/android-1""。显示该图片资源时需要一个新的图片显示控件进行实现，我们采用 XML 语言进行图片显示控件的增加。在 TextView 控件的 XML 代码下方增加以下代码：

```
<ImageView
    android:layout_width = "300dp"
    android:layout_height = "300dp"
    android:id = "@ + id/imageView"
    android:src = "@drawable/android1"
    android:layout_below = "@ + id/textView"
    android:layout_centerHorizontal = "true"
    android:layout_marginTop = "42dp" />
```

图 3-14 增加图片后的可视化界面效果

这个图片显示控件和 TextView 控件具有类似属性，其中，android:src 指明了图片资源的位置，通过@drawable/android1 引用新增的图片资源；android:layout_below 指明了和其他控件的相对位置，描述该控件位置位于 id 为 textView 控件的下方；android:layout_centerHorizontal 描述了该控件的水平位置是位于界面的水平中心；android:layout_margin-Top 描述了这个控件距离最上端的距离，其中，dp 代表 dip：device independent pixels（设备独立像素），这个数值和显示设备硬件有关。

在完成图片显示控件的 XML 代码修改后，我们保存该文件并回到可视化的界面设计窗口，则可以同步看到修改后的效果，如图 3-14 所示。

选择 Run→Run "app" 菜单项再次运行该工程，在虚拟设备中可以看到如图 3-15 所示的运行效果。

图 3-15 虚拟机运行的效果图

(3) Java 文件目录包括这个工程创建的主 Activity 代码文件,读者可以在该目录下找到以 MainActivity 命名的 Java 类,代码如下:

```
package com.example.test.myapplication;
import android.support.v7.app.AppCompatActivity;
import android.os.Bundle;
public class MainActivity extends AppCompatActivity {
    @Override
    protected void onCreate(Bundle savedInstanceState) {
        super.onCreate(savedInstanceState);
        setContentView(R.layout.activity_main);
    }
}
```

按照 activitiy_main.xml 文件的描述,该类是这个 Android 工程的"主类",并且该类仅有一个类成员函数——protected void onCreate(Bundle savedInstanceState),该函数相当于该类的初始化函数。注意:该函数不是构造函数,Android 工程架构在初始化主 Activity 时,向开发者提供了这样一个函数让开发者有机会初始化该 Activity 的相关操作,这个过程与 Android 系统中 Activity 的生命周期有关,本书会在传感器实验案例中进一步介绍。在这个函数中,读者也可以看到该函数通过 setContentView(R.layout.activity_main) 函数获取主界面布局 XML 文件,并按照文件的内容布局完成主界面的显示,其中,R.layout.activity_main 是 activity_main.xml 的 id。

如果需要改变界面上的控件显示内容和效果,则可以采用以下两种方式:

① 直接修改界面的 XML 文件内对应的控件属性。例如,需要将 TextView 控件的显示内容修改为"Hi! I am your first Android App!",可以将 TextView 控件中的属性:"android:text="Hello World!""内容改为"android:text="Hi! I am your first Android App!"",直接运行可得到如图 3-16 所示的期望效果。

② 动态的修改方式,即通过 Java 程序来修改控件的相关属性。在 Android 开发中,可以直观地将 Android 程序看作是一个小型化的本地"前端+后台"程序架构。其中,XML 相当于显示"前端";而 Java 相当于"后台"程序这个框架可以通过系统提供的方法接收前端的消息,也可以改变前端控件的属性内容。

Java 程序中控件对象和界面控件的"映射"可以实现在 Java 程序端操作界面对应的控件,主要过程是同时在 Java 程序中添加一个对应控件对象,并通过控件的 id 将界面中的控件赋予 Java 程序端的控件对象,这样操作 Java 程序中的控件对象就等于操作界面相对应的控件。这里采用第二种方法修改 TextView 控件显示内容的设计,过程如下:

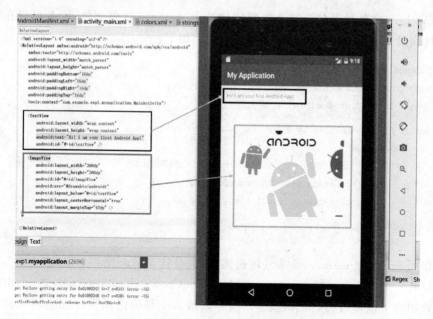

图3-16 修改文本内容后的运行效果

首先,为 MainActivity 添加一个 TextView 控件类型的成员变量,即与 XML 描述的主界面中的文本显示控件类型相同,代码如下:

```
TextView text;
```

注意:默认的 Java 代码文件不包含控件类,因此,需要 import 相应的控件类,代码如下:

```
import android.widget.TextView;
```

接着在 void onCreate(Bundle savedInstanceState)函数内完成 text 对象和界面对应控件的"映射",关键是通过 R.id.textView 并利用 findViewById()函数完成对界面对应控件的获取。其中,R.id.textView 指向控件 id 属性为 textView 的控件。主要代码如下:

```
text.findViewById(R.id.textView);
```

注意:这里采用了 text 对象内类成员函数完成"映射"的操作,而第二章则是直接调用 findViewById()函数将找到的控件赋给 Java 控件对象,这两种方法的作用相同,但第二章的方法需要对获取的控件对象的类型进行相对应的转型,代码如下:

```
text = (TextView)findViewById(R.id.textView);
```

如第 2 章所示,这个"映射"操作本质是通过 findViewByld()函数查找到传入 id 的控件的地址指针,并将这个指针返回后赋给 Java 代码中定义的对象,这样 Java 代码中的对象和界面中的控件实际是操作的同一段内存地址的数据。因此在完成"映射"操作后,我们可以调用文本显示控件类的成员函数——setText()来改变这个文本显示控件的显示内容,代码如下:

```
text.setText("Hi! I am your first Android App!");
```

注意:text 在 void onCreate(Bundle savedInstanceState)函数中的初始化应该在 setContentView(R.layout.activity_main)完成后才能进行,即应该在界面布局显示完成后才能对界面中的控件进行初始化操作。完整的 Java 程序代码如下:

```
package com.example.exp1.myapplication;

import android.support.v7.app.AppCompatActivity;
import android.os.Bundle;
import android.widget.TextView;

public class MainActivity extends AppCompatActivity {
    private TextView text;
    @Override

    protected void onCreate(Bundle savedInstanceState) {
        super.onCreate(savedInstanceState);
        setContentView(R.layout.activity_main);
        text = new TextView(this);
        text.findViewById(R.id.textView);
        text.setText("Hi! I am your first Android App!");
    }
}
```

再次运行该工程,得到的运行效果和直接修改 XML 代码的效果相同。

本实验案例以 TextView 控件为例讲解了如何利用 XML 程序代码和 Java 程序代码修改控件的属性,在 Android 的开发中大多数控件基本相同,读者可以举一反三进行尝试。除了文本显示控件外,常见的一些控件如图 3-17 所示。

图 3-17 Android 系统一些常用的控件

3.2 为界面增加一个按键后如何响应按键单击事件——按键响应实验案例

实验目的：掌握按键控件和响应使用方法

实验案例内容：

一般而言，Android 程序最常用的两个控件包括文本显示控件和按键控件，其中，文本显示控件可用作显示程序的输出信息，按键控件则是用作响应使用者对程序的操作。本实验案例在前一个实验案例的基础上新增了一个按键控件，并介绍如何对单击按键响应和处理的设计。

要在界面上添加一个按键控件，则可以直接从图 3-11 所示的可视化界面设计窗口中选择一个按键控件(Button)，并放置到文本显示控件位置的下方，如图 3-18 所示。

同时界面的 XML 代码也会自动同步进行修改，内容如下：

```
<? xml version = "1.0" encoding = "utf-8"? >
<RelativeLayout xmlns:android = "http://schemas.android.com/apk/res/android"
    xmlns:tools = "http://schemas.android.com/tools"
    android:id = "@+id/activity_main"
    android:layout_width = "match_parent"
    android:layout_height = "match_parent"
```

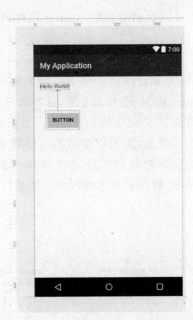

图 3-18 添加按键控件后的显示界面

```
        android:paddingBottom = "@dimen/activity_vertical_margin"
        android:paddingLeft = "@dimen/activity_horizontal_margin"
        android:paddingRight = "@dimen/activity_horizontal_margin"
        android:paddingTop = "@dimen/activity_vertical_margin"
        tools:context = "com.example.exp1.myapplication.MainActivity">

<TextView
        android:layout_width = "wrap_content"
        android:layout_height = "wrap_content"
        android:text = "Hello World!"
        android:id = "@ + id/textView" />

<Button
        android:text = "Button"
        android:layout_width = "wrap_content"
        android:layout_height = "wrap_content"
        android:id = "@ + id/button"
        android:layout_marginTop = "38dp"
        android:layout_below = "@ + id/textView"
        android:layout_alignParentLeft = "true"
        android:layout_alignParentStart = "true" />
</RelativeLayout>
```

在 XML 代码中,我们可以看到增加的 Button 控件的 XML 代码。现在假设一个功能:这个按键的作用是修改文本显示控件的内容,即按下按键时,文本显示的控件内容从显示"Hello World!"修改为"Buttton Response! Hello Android!"。

这里我们需要了解 Android 程序对于单击按键的响应是如何实现的。目前,很多界面程序设计,包括 Android、MFC 和 QT 等,这些软件框架都能对按键的响应进行处理,而消息发送和响应是这类程序的设计基础,如在界面上单击一次屏幕,Android 系统会产生一次对应的消息,我们需要做的是能够知道这个消息如何被响应,在按键响应函数的位置增加所需代码以便实现对单击事件的处理。我们可以用图 3-19 来表示一个 Android 程序对单击按键事件的处理过程。

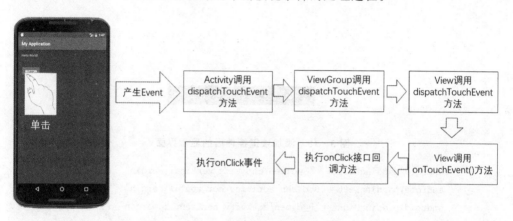

图 3-19　Android 程序对按键消息的处理过程示意图

当使用者单击按键时,Android 系统首先会感知到按键被按下(驱动程序配合完成),触发一次单击事件,这个事件消息会被 Activity、View 等组件进行逐层的分发,最后会被发送到 onEvent 或者 onClick 的回调函数中,我们需要做的是找到这个消息的响应函数(回调函数),并增加逻辑代码。按照这个思路,设计的主要过程如下。

首先引入控件需要的类。因为默认的 Java 代码并不包含这些控件的类,因此在 Java 文件中引入需要的类:

```
import android.widget.*;
```

与前一个实验案例对比,*代表将全部的类都引入到这个代码中,包括 TextView 和 Button 等控件。熟悉了 Android 开发后,就可以只引入指定的类,以便提高程序的简洁性。

对应于界面的控件,我们需要在 Java 文件代码中增加两个对应的控件对象作为类成员变量,代码如下:

```
public class MainActivity extends AppCompatActivity {
    TextView Text;//增加一个 TextView 控件类成员变量
```

```
    Button Btn;//增加一个Button控件类成员变量
    @Override
    protected void onCreate(Bundle savedInstanceState) {
        super.onCreate(savedInstanceState);
        setContentView(R.layout.activity_main);
    }
}
```

与前一个实验案例对比,Btn 类成员变量是本实验案例新增和使用的按键控件类型对象,与界面对应的控件类型都为 Button 类型。在 void onCreate(Bundle savedInstanceState)函数中将 Btn、Text 与界面的按键控件和文本显示控件分别进行"映射",代码如下:

```
package com.example.Android.myapplication;

import android.support.v7.app.AppCompatActivity;
import android.os.Bundle;
import android.widget.*;

public class MainActivity extends AppCompatActivity {
    TextView Text;//增加文本显示控件的类成员变量
    Button Btn;//增加按键控件的类成员变量
    @Override
    protected void onCreate(Bundle savedInstanceState) {
        super.onCreate(savedInstanceState);
        setContentView(R.layout.activity_main);
//"映射"界面控件和 Java 程序代码中对应的控件类成员变量
        Text = (TextView) findViewById(R.id.textView);
        Btn = (Button)findViewById(R.id.button);
    }
}
```

这里采用了第二章的方法,使用 findViewById()函数并通过 XML 代码中控件的 id 获取对应的控件,并将这个控件赋给 Java 程序中的控件类成员变量从而完成"映射"。

为了响应按键的单击事件,我们需要利用 Button 类型对象中的按键响应函数,并在该函数中使用 TextView 类的 setText()函数,使得程序在响应按键单击时会调用该函数进行文本显示控件内容的修改。为了设计按键响应函数,我们需要了解 Android 开发框架的 View 类:该类是用户交互接口和控件的基础类,表示屏幕上的一块矩形区域,负责绘制这个区域和事件的处理,这个类也是控件的父类。因此,需要 View 类来获取一定区域内的消息并响应对应的事件,主要的过程如下:

(1) 在 Java 代码中引入 View 类:

```
import android.view.View;
```

在 void onCreate(Bundle savedInstanceState)函数中利用 View 类完成按键响应函数的定义,代码如下:

```
Btn.setOnClickListener(new View.OnClickListener() {
    public void onClick(View v)
    {
        // Do something in response to button click
    }
}
```

注意:setOnClickListener()就是设置按键单击事件的监听器函数,其参数是按键单击的消息响应对象,但上述代码中的 OnClickListener 是接口,不能被实例化(不能直接定义为对象)。这里实际使用了 Java 的接口匿名类进行实现,即向 setOnClickListener()函数中传入一个没有被命名的对象,这个对象的类就是 OnClickListener()函数大括号中的代码所定义的类,并且这个内部匿名类中重现了 OnClickListener()接口和该接口唯一的 onClick()函数。

在按键单击的回调函数——onClick()中调用 setText()函数完成对文本显示控件的修改,主要代码如下:

```
Text.setText("Buttton Response! Hello Android!");
```

在运行该程序后,单击按键得到如图 3-20 所示的运行效果。

图 3-20 按键响应 Android 程序运行效果

为了对比学习,上述的设计也可以直接采用界面 XML 代码来定义按键单击事件的回调函数。首先,在 Button 控件的 XML 代码中增加 android:onClick 属性声明按键消息回调函数:

```
android:onClick = "onBtnClick"
```

在 Java 程序代码中实现 onBtnClick()函数:

```
public void onBtnClick(View view){
    Text.setText("Buttton Response! Hello Android!");
}
```

因此,界面 XML 的控件和 Java 程序中的控件对象的属性和方法是相同的,通过"映射"调用 Java 程序中控件对象的函数,界面中对应控件也会做出相同的操作。

3.3 多按键的程序设计实验案例
——九宫格键盘程序实验案例

实验目的:熟悉控件的排列使用和进一步掌握按键控件的使用方法

实验案例内容:

本实验案例通过另外一个程序设计深入学习 3.2 节的内容。这里假设一个需求:设计一个九宫格的拨号键盘,每个按键和熟悉的电话拨号按键布局和功能一致,每按下一个按键可以在 TextView 控件进行递增的显示,同时该程序具备拨打电话的功能。我们需要设计的界面如图 3-21 所示。

1. 界面的设计

按照图 3-21 所示的界面添加按键并按照设计布局进行排列,最简单的方法是直接添加 12 个按键控件,然后通过修改它们的位置属性来指定位置,但这样设计需要单独调整 12 个按键的相关属性,使得设计过程重复和冗余。因此,我们利用 Android 框架中的另外一种资源——排列控件(有的资料也称为排列框),这种资源并不能直接可视化,但可以包含其他的控件,并规定这些控件在排列控件中的布局。在可视化设计界面也可以直接使用这类控件,如图 3-22 所示。

图 3-21 九宫格拨号界面

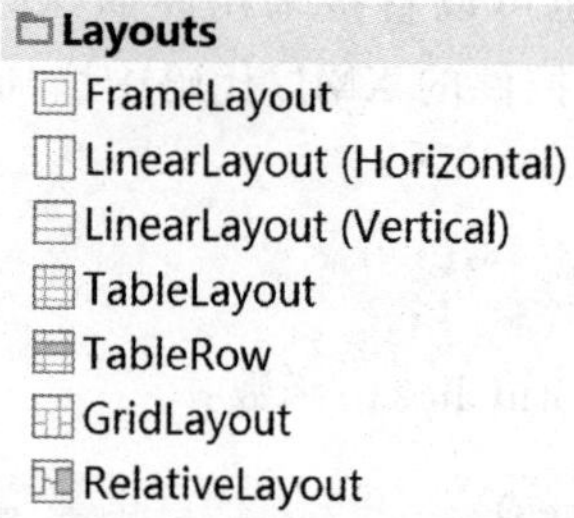

```
□ Layouts
  □ FrameLayout
  □ LinearLayout (Horizontal)
  □ LinearLayout (Vertical)
  □ TableLayout
  □ TableRow
  □ GridLayout
  □ RelativeLayout
```

图 3-22 排列控件在可视化设计界面中的使用

这里采用 XML 代码进行设计,主要过程如下:

首先添加 TableLayout 类型的排列控件,在这个控件内可以将所包含的其他控件按照表格的样式来进行排列,对应的 XML 代码如下:

```
<TableLayout
    android:layout_width = "wrap_content"
    android:layout_height = "wrap_content"
    android:layout_gravity = "center_horizontal"
    android:layout_centerVertical = "true"
    android:layout_alignParentLeft = "true"
    android:layout_alignParentStart = "true"
    android:id = "@ + id/tableLayout">
</TableLayout>
```

上述 XML 代码描述了 TableLayout 控件的属性,主要是宽度、高度和内部排列的内容一致,并放置于界面的水平中心位置,采用左对齐方式。

这个键盘界面包括了 4 行按键,在 TableLayout 控件中顺序添加 4 个 TableRow 行排列控件填充 TableLayout 控件的单元,让 TableLayout 包含 4 个排列控件单元,每个行排列控件包括 3 个按键控件,并按照行进行排列。其中,每个行排列控件的 XML 代码如下:

```
<TableRow
    android:layout_marginTop = "5dp">
</TableRow>
```

上述 XML 代码描述了行排列控件与顶部的相对位置距离:android:layout_marginTop="5dp"。

接下来为每个 TableRow 控件内添加 3 个 Button 控件,让它们按照行来进行排列,主要的代码如下:

```
<TableRow
```

```xml
        android:layout_marginTop = "5dp">

    <Button
        android:id = "@ + id/btn1"
        android:layout_width = "60dp"
        android:layout_height = "wrap_content"
        android:layout_marginRight = "10dp"
        android:text = "1" />

    <Button
        android:id = "@ + id/btn2"
        android:layout_width = "60dp"
        android:layout_height = "wrap_content"
        android:layout_marginRight = "10dp"
        android:text = "2" />

    <Button
        android:id = "@ + id/btn3"
        android:layout_width = "60dp"
        android:layout_height = "wrap_content"
        android:text = "3" />
</TableRow>
```

其中,每个 Button 控件的属性主要是位置、长度、宽度、显示内容和 id 的描述。

最后,修改工程原有的 TextView 控件属性,并改变它的位置,主要是和键盘保持一定的相对距离,对应的 XML 代码如下:

```xml
<TextView
    android:layout_width = "wrap_content"
    android:layout_height = "wrap_content"
    android:text = "Hello World!"
    android:layout_marginLeft = "61dp"
    android:layout_marginStart = "61dp"
    android:layout_above = "@ + id/tableLayout"
    android:layout_alignLeft = "@ + id/tableLayout"
    android:layout_alignStart = "@ + id/tableLayout"
    android:layout_marginBottom = "15dp" />
```

完成设计后,完整的 XML 代码如下:

```xml
<TextView
    android:layout_width = "wrap_content"
    android:layout_height = "wrap_content"
```

```xml
        android:text = "Hello World!"
        android:layout_marginLeft = "61dp"
        android:layout_marginStart = "61dp"
        android:layout_above = "@ + id/tableLayout"
        android:layout_alignLeft = "@ + id/tableLayout"
        android:layout_alignStart = "@ + id/tableLayout"
        android:layout_marginBottom = "15dp" />

<TableLayout
        android:layout_width = "wrap_content"
        android:layout_height = "wrap_content"
        android:layout_gravity = "center_horizontal"
        android:layout_centerVertical = "true"
        android:layout_alignParentLeft = "true"
        android:layout_alignParentStart = "true"
        android:layout_marginLeft = "57dp"

<TableRow
        android:layout_marginTop = "5dp">

<Button
        android:id = "@ + id/btn1"
        android:layout_width = "60dp"
        android:layout_height = "wrap_content"
        android:layout_marginRight = "10dp"
        android:text = "1" />

<Button
        android:id = "@ + id/btn2"
        android:layout_width = "60dp"
        android:layout_height = "wrap_content"
        android:layout_marginRight = "10dp"
        android:text = "2" />

<Button
        android:id = "@ + id/btn3"
        android:layout_width = "60dp"
        android:layout_height = "wrap_content"
        android:text = "3" />
</TableRow>

<TableRow
```

```xml
        android:layout_marginTop = "43dp">

    <Button
        android:id = "@ + id/btn4"
        android:layout_width = "60dp"
        android:layout_height = "wrap_content"
        android:layout_marginRight = "10dp"
        android:text = "4" />

    <Button
        android:id = "@ + id/btn5"
        android:layout_width = "60dp"
        android:layout_height = "wrap_content"
        android:layout_marginRight = "10dp"
        android:text = "5" />

    <Button
        android:id = "@ + id/btn6"
        android:layout_width = "60dp"
        android:layout_height = "wrap_content"
        android:text = "6" />
</TableRow>
<TableRow
        android:layout_marginTop = "43dp">

    <Button
        android:id = "@ + id/btn7"
        android:layout_width = "60dp"
        android:layout_height = "wrap_content"
        android:layout_marginRight = "10dp"
        android:text = "7" />

    <Button
        android:id = "@ + id/btn8"
        android:layout_width = "60dp"
        android:layout_height = "wrap_content"
        android:layout_marginRight = "10dp"
        android:text = "8" />

    <Button
        android:id = "@ + id/btn9"
```

```
        android:layout_width = "60dp"
        android:layout_height = "wrap_content"
        android:text = "9" />
</TableRow>

<TableRow
    android:layout_marginTop = "43dp">

<Button
    android:id = "@ + id/btn0"
    android:layout_width = "60dp"
    android:layout_height = "wrap_content"
    android:layout_marginRight = "10dp"
    android:text = "0" />

<Button
    android:id = "@ + id/btclr"
    android:layout_width = "60dp"
    android:layout_height = "wrap_content"
    android:layout_marginRight = "10dp"
    android:text = "cls" />

<Button
    android:id = "@ + id/btncall"
    android:layout_width = "60dp"
    android:layout_height = "wrap_content"
    android:text = "call" />

</TableRow>

</TableLayout>
```

2. Java 程序代码的设计

Java 程序需要完成对不同按键单击的响应，同时动态修改文本显示控件的内容。主要设计过程如下：

（1）添加显示的字符串变量，把这个变量定义为 MainActivity 类的成员变量：

```
String string_num = "";
```

同样，在 Java 程序代码中定义一个 TextView 类型的成员变量，代码如下：

```
TextView text;
```

在 onCreate(Bundle savedInstanceState)函数中和界面对应的控件完成"映射",代码如下:

```
text = (TextView)findViewById(R.id.textView1);
```

(2)为每个按键控件进行"映射"并定义按键响应函数。这里考虑以下问题：在之前的实验案例中,每个按键都可以对应一个按键响应函数,并可以在这个函数中增加按键响应的程序代码以完成按键单击的逻辑操作。如果按照前面的实验案例,我们需要为每个按键分别定义一个响应函数,这样一共需要写 12 个按键响应函数,代码设计重复且冗余。我们考虑能否用 switch 语句来对按键的 id 进行区分,从而可以在同一个函数中处理不同按键的消息响应。

按照上述思路,在 Java 程序代码中新增一个按键消息响应的类成员变量,然后将该变量作为对象传入到每个按键的按键监听函数进行声明,使得这 12 个按键响应函数可以统一到一个函数中,并在这个响应函数中通过系统传入的参数来获取对应的按键 id 信息,最后通过 switch 语句来实现不同按键的消息响应处理。主要设计过程如下:

在 void onCreate(Bundle savedInstanceState)函数中完成按键控件的定义和"映射",添加如下代码:

```
Button btn1 = (Button)findViewById(R.id.btn1);
.........
Button btn2 = (Button)findViewById(R.id.btn2);
Button btn0 = (Button)findViewById(R.id.btn0);
Button btnd = (Button)findViewById(R.id.btnd);
Button btncall = (Button)findViewById(R.id.btncall);
Button btnclear = (Button)findViewById(R.id.btncls);
```

注意：text 对象不仅在 void onCreate(Bundle savedInstanceState)完成控件的"映射",也会在按键消息响应的类成员函数中被使用,因此 text 应该是一个 TextView 类型的 MainActivity 类成员变量。

将所有的按键响应均统一到一个类的成员对象中,主要过程如下:

按照前面的实验案例介绍,我们定义一个实现 OnClickListener 接口的内部匿名类对象,并通过一个标识信息区分按键消息的来源,从而实现对不同按键消息的处理。首先在 Java 程序类中添加一个 OnClickListener 接口的内部匿名类成员变量,代码如下:

```
private View.OnClickListener button_click = new View.OnClickListener(){
    @Override
```

```
public void onClick(View v) {
    // TODO Auto-generated method stub
}
};
```

其中,内部的成员函数 onClick(View v)包含了 View 类型的形式参数 v,而 View 类内包含了名为 getId()的类成员函数,该函数可以获取对应控件的 id。当按键被按下时,v 表示是哪个 View 对象触发了相应的事件。因此,我们可以通过这个 id 来判断按键单击事件是哪个按键触发的。按照上述的思路,主要设计过程如下:

① 在 void onCreate(Bundle savedInstanceState)函数中将 12 个 Button 按键对象的消息处理对象声明为 button_click,使得 button_click 成为所有按键的统一消息处理对象。在 void onCreate(Bundle savedInstanceState)函数中添加如下代码:

```
btn1.setOnClickListener(button_click);
btn2.setOnClickListener(button_click);
…………
btn0.setOnClickListener(button_click);
btncall.setOnClickListener(button_click);
btncls.setOnClickListener(button_click)
```

② 通过 getId()函数获取按键的 id 信息,利用 switch 实现对不同按键消息响应的处理。在 onClick()函数中增加如下代码:

```
public void onClick(View v) {
    // TODO Auto-generated method stub
    switch(v.getId())
    {
        case R.id.btn1:
        {   string_num = string_num + "1";
            text.setText(string_num);   };
        break;

        case R.id.btn2:
        {   string_num = string_num + "2";
            text.setText(string_num);};
        break;

        case R.id.btn3:
        {   string_num = string_num + "3";
            text.setText(string_num);};
        break;

        case R.id.btn4:
```

```
    {    string_num = string_num + "4";
         text.setText(string_num);};
    break;

    case R.id.btn5:
    {    string_num = string_num + "5";
         text.setText(string_num);};
    break;

    case R.id.btn6:
    {    string_num = string_num + "6";
         text.setText(string_num);};
    break;

    case R.id.btn7:
    {    string_num = string_num + "7";
         text.setText(string_num);};
    break;

    case R.id.btn8:
    {    string_num = string_num + "8";
         text.setText(string_num);};
    break;

    case R.id.btn9:
    {    string_num = string_num + "9";
         text.setText(string_num);};
    break;

    case R.id.btn0:
    {    string_num = string_num + "0";
         text.setText(string_num);};
    break;

    case R.id.btncall:
    {    text.setText("Calling");};
    break;

    case R.id.btncls:
    {    string_num = "";
         text.setText(string_num);};
    break;
```

      }
  }

在上述代码中,Java 程序通过按键的 id 判断按键单击事件是哪个按键控件触发的,并通过字符串类成员变量递增显示内容,最终显示到文本显示控件上。运行效果如图 3-23 所示。

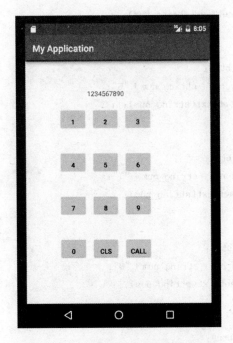

图 3-23　九宫格键盘工程运行效果图

(3) 为了实现拨打电话的功能,我们在 btncall 的分支判断程序中加入电话拨号函数,传入 string_num 字符串的电话号码内容,主要设计过程如下:

引入相关的类:

```
import android.content.Intent;
import android.net.Uri;
```

修改 btncall 的消息处理分支程序,主要过程包括:采用 Intent 作为不同 Activity 之间的消息传递,通过 Intent 参数指定对应的电话功能操作,并传递到相应的电话服务 Activity 中。因此,分支程序主要通过 Intent 对象作为对参数传递至 startActivity()函数内,并启动指定的服务 Activity(Intent 也可以启动没有界面的后台 Service 服务或者进行广播通信)。分支代码如下:

```
case R.id.btncall:
{
    text.setText("Calling");
```

```
            Intent intent = new
            Intent(Intent.ACTION_CALL,Uri.parse("tel:" + string_num));
            startActivity(intent);
        };
```

直接运行程序后,在按下 CALL 按键时会提示程序出错。在 Android 系统中拨打电话功能需要显示声明权限,因此,需要在 AndroidManifest.xml 文件中的 </manifest> 前面增加如下代码:

```
<uses-permission android:name="android.permission.CALL_PHONE"/>
```

注意,在 Android studio 中,当在高于 API23 的版本里使用拨打电话功能时,Java 程序需要在 startActivity(intent) 函数前使用以下代码进行权限的检查:

```
if(checkSelfPermission(Manifest.permission.CALL_PHONE) != PackageManager.PERMIS-
    SION_GRANTED){
return;
}
```

3.4 程序有多个页面——多页面切换实验案例

实验目的:掌握应用程序多页面的切换设计和进一步了解类的继承使用

实验案例内容:

一般 Android 程序很少仅有一个页面(界面),绝大部分程序都是多个页面按照功能需求进行切换的。现在假定一个设计需求:设计一个具备四个页面并可以进行切换的 Android 程序,每个页面显示不同的嵌入式操作系统的相关内容介绍。

一般而言,每个基本的 Android 进程都包括一个主 Activity 和显示界面,这个界面通过 XML 文件进行描述,如 activity_main.xml 文件,与之对应的还有一个"后台"程序,即 Java 程序,如 MainActivity.java。直接的设计思路是需要增加三套这样的框架文件。

我们可以分别增加所对应的 XML 和 Java 文件,通过修改相应的函数和配置文件将这两个文件进行"映射",构成一套完整的页面框架。其实在 Android Studio 环境中已经提供了新增的 Activity 功能,操作过程如下:选择工程栏目中的 app→右击鼠标→在弹出的菜单中选择 New→Empty Activity,并完成新的 Activity 相关属性设置,如图 3-24 所示。

本实验案例将新增的 Activity 命名为 Main2Activity。再次分析设计需求,我们可以通过两种方式来进行设计:

(1) 直接添加三个独立的 Activity,然后使用按键来进行页面的切换。

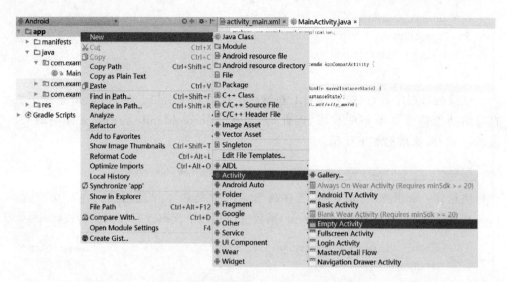

图3-24 创建新的 Activity 菜单示意图

(2) 这三个 Activity 显示页面的框架非常相似,仅显示的内容不同。我们可以构建一个共同的"父类"Activity,把三个 Activity 页面相同的属性设计当作"模板",然后通过继承来重写各自页面的具体函数和变量。

第二种方法在代码设计效率上优于第一种方法,同时也为了让读者能进一步掌握类和继承的使用,本实验采用第二种方法进行设计。

1. "父类"界面的设计

假设三个页面显示的统一框架如图3-25所示。

这个页面的基础框架包括三个按键,分别负责返回前一个页面、返回主页面和进入下一个页面;两个文本框分别显示标题和内容,其中内容太长需要进行滑动显示。

我们把已经创建的 Main2Activity 作为"父类"Activity 页面,在对应的 activity_main2.xml 中完成"模板"页面的设计,增加的主要代码如下:

```
<!-- 前页 -->
<Button
    android:id = "@ + id/forwordbutton"
    android:layout_width = "wrap_content"
    android:layout_height = "wrap_content"
    android:text = "FORWARD"
    android:textSize = "18sp"
    android:layout_alignParentLeft = "true"/>
<!-- 后页 -->
<Button
```

图 3-25 父类显示页面的框架

```
    android:id = "@ + id/nextbutton"
    android:text = "NEXT"
    ………
    android:layout_alignParentRight = "true"/>
<! -- 退出当前页 -->
<Button
    android:id = "@ + id/exitbutton"
    android:text = "EXIT"
    ………
    android:layout_centerHorizontal = "true" />
</RelativeLayout>
<TextView
    android:id = "@ + id/title"
    ………
    android:layout_centerHorizontal = "true" />
<ScrollView
    android:layout_width = "fill_parent"
    android:layout_height = "fill_parent"
    android:background = " # faeeeeee"
```

```
        android:layout_below = "@ + id/title"
    >
    <TextView
        android:layout_alignTop = "@ + id/scrollView"
    />
</ScrollView>
```

本实验案例用到了一个新的控件——ScrollView,这个控件的作用是将其内部的控件变成滑动显示。

2. "父类"Java 程序代码设计

与前面的实验案例类似,在对应的 Main2Activity 中添加对应的控件对象,代码如下:

```
private Button forwardbutton = null;
private Button nextbutton = null;
private Button exitbutton = null;
private TextView showtextview = null;
private TextView title = null;
```

需要将 Java 程序代码中的控件对象与界面对应的控件进行"映射",并对各自按键的响应函数进行定义。这里增加一个类成员函数——init()完成上述初始化处理,并将该函数添加到 void onCreate(Bundle savedInstanceState)函数的最后,使得程序在启动时完成初始化操作。其中,init()函数代码如下:

```
private void init(){
//"映射"对应的按键控件,并定义响应函数
    forwardbutton = (Button)findViewById(R.id.forwordbutton);
    forwardbutton.setOnClickListener(new View.OnClickListener() {
        @Override
        public void onClick(View v) {
            // TODO Auto-generated method stub
            //前页切换
            gotothePage(getForwardToPageClass());
        }
    });
    nextbutton = (Button)findViewById(R.id.nextbutton);
    nextbutton.setOnClickListener(new View.OnClickListener() {
        @Override
        public void onClick(View v) {
            // TODO Auto-generated method stub
            //后页切换
            gotothePage(getNextPageClass());
```

```
        });
        exitbutton = (Button)findViewById(R.id.exitbutton);
        exitbutton.setOnClickListener(new View.OnClickListener() {
            @Override
            public void onClick(View v) {
                // TODO Auto-generated method stub
                //退出当前页
                gotothePage(getMainPageClass());
            }
        });
            //"映射"对应的显示文本显示控件
        showtextview = (TextView)findViewById(R.id.showresult);
        showtextview.setText(getContentText());
        title = (TextView)findViewById(R.id.title);
        title.setText(getTiletext());
}
```

其中,各个按键会执行对应页面的跳转逻辑操作,例如,gotothePage(getForwardToPageClass())、gotothePage(getNextPageClass())函数等,这些函数完成从当前的函数切换到其他页面的操作。在这个"父类"页面中无法实际指定前一个页面或者后一个页面的跳转,具体的实现只能在继承它的"子类"页面中完成。因此,父类页面仅定义了这些函数的框架,代码如下:

```
protected Class<?> getForwardToPageClass() {
    return null;
}
protected Class<?> getNextPageClass(){
    return null;
}
protected Class<?> getMainPageClass(){
    return null;
}
protected String getTiletext(){
    return null;
}
protected String getContentText(){
    return null;
}
private void gotothePage(Class<?> goalpage){
    if(goalpage == null) return;
startActivity(new Intent(Main2Activity.this, goalpage));
```

```
        finish();
    }
```

上述代码包括 getForwardToPageClass()等函数,但并未指明这个函数具体返回的类型对象,仅声明其返回一个类—Class<?>,在"父类"中用返回 null 代替;具体返回的 Activity 页面对象会在继承的"子类"页面 Activity 中实现。页面跳转操作函数——private void gotothePage(Class<?> goalpage)根据传入的页面 Activity 对象,使用前面实验案例介绍的 startActivity(new Intent(Main2Activity.this, goalpage))函数启动对应的页面 Activity,并在函数返回前调用 finish()关闭当前的 Activity。getTiletext()和 getContentText()获取对应的显示内容,也由不同的"子类"页面进行具体实现以便获得相应页面的字符内容。

3. "子类"的 Java 程序代码设计

完成"父类"页面框架的设计后,可通过选择当前的工程并右击,在弹出的级联菜单中选择 New→Java Class 菜单项新增三个 Java 类,如图 3-26 所示。

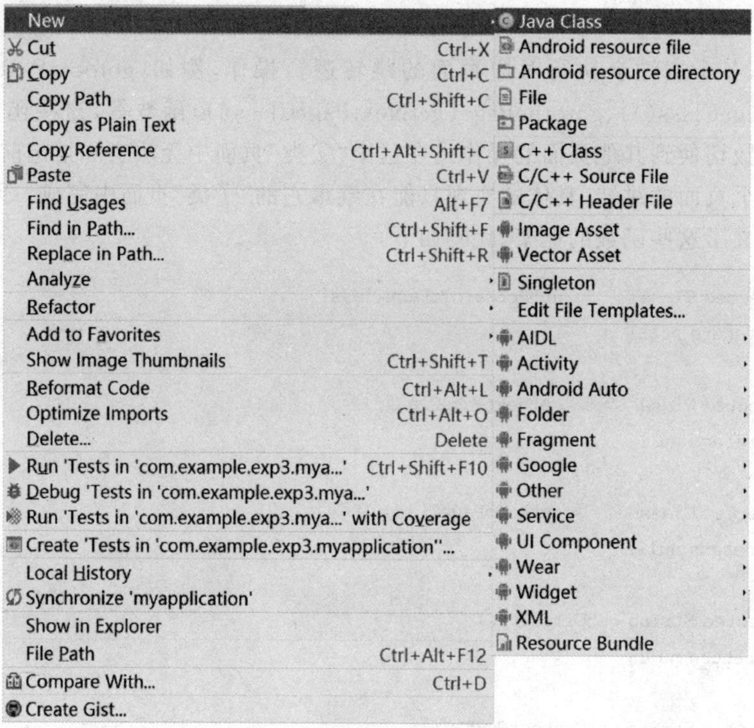

图 3-26 新增 Java 类的示意图

本实验案例将这三个类分别命名为 AndroidActivity、iOSActivity 和 WindowsPhoneActivity。这里以 AndroidActivity 为例,首先修改类的继承关系,将该类的定义修改为 public class AndroidActivity extends Main2Activity,定义该类继承于

Main2Activity 类。在这个类中对"父类"中相应的内容进行具体实现。主要代码如下：

```java
private static final String content = "Android 是一种基于 Linux 的自由及开放源代码的操作系统……";
// 返回对应的页面 Activity 对象
@Override
protected Class<?> getForwardToPageClass() {
    // TODO Auto-generated method stub
    return WindowsPhoneActivity.class;
}
@Override
protected Class<?> getNextPageClass() {
    // TODO Auto-generated method stub
    return iOSActivity.class;
}
@Override
protected Class<?> getMainPageClass() {
    // TODO Auto-generated method stub
    return MainActivity.class;
}

//返回该页的显示文本内容
@Override
protected String getTiletext() {
    // TODO Auto-generated method stub
    return "Android";
}

@Override
protected String getContentText() {
    // TODO Auto-generated method stub
    return content;
}
```

上述代码主要实现了对应返回页面的 Activity 对象和显示内容。由于这个页面的类继承了父类的类成员函数 private void gotothePage(Class<?> goalpage)，通过返回指定页面的 Activity 对象可以实现对应页面的跳转。

4. 主 Activity 页面的设计

主页面设计如图 3-27 所示，包括了一个 TextView 文本控件，用于显示本程序的名称,三个按键控件完成不同页面 Activity 的跳转操作。

图 3-27 主页面设计效果

5. 主 Activity Java 程序代码设计

与其他页面类似,主 Activity 的页面跳转也是在三个按键控件的按键响应函数中通过 void gotopage(Class<?> goalpage)函数完成不同页面 Activity 的跳转,完整的代码如下:

```
package com.example.activitytest;
import android.os.Bundle;
import android.app.Activity;
import android.content.Intent;
import android.view.View;
import android.view.Window;
import android.widget.Button;
//主界面
public class MainActivity extends Activity {
    private Button androidButton = null;
    private Button iosButton = null;
    private Button windowphoneButton = null;
    @Override
```

```java
protected void onCreate(Bundle savedInstanceState) {
    super.onCreate(savedInstanceState);
    setContentView(R.layout.activity_main);
    init();//初始化函数
}

//初始化组件
private void init(){
    //设置android按键属性
    androidButton = (Button)findViewById(R.id.androidbutton);
    androidButton.setOnClickListener(new View.OnClickListener() {
        @Override
        public void onClick(View v) {
            // TODO Auto-generated method stub
            gotopage(AndroidActivity.class);
        }
    });

    //设置iOS按键属性
    iosButton = (Button)findViewById(R.id.iosbutton);
    iosButton.setOnClickListener(new View.OnClickListener() {
        @Override
        public void onClick(View v) {
            // TODO Auto-generated method stub
            gotopage(iOSActivity.class);
        }
    });

    //设置window phone按键属性
    windowphoneButton = (Button)findViewById(R.id.windowsphonebutton);
    windowphoneButton.setOnClickListener(new View.OnClickListener() {
        @Override
        public void onClick(View v) {
            // TODO Auto-generated method stub
            gotopage(WindowPhoneActivity.class);//跳转到WindowPhone界面
        }
    });
}

//跳到指定页,goalpage返回对应的页面Activity对象
```

```
    private void gotopage(Class<?> goalpage){
        startActivity(new Intent(MainActivity.this, goalpage) );
        finish();
    }
}
```

在运行程序前,我们需要显示声明这三个页面的权限,即在 Manifest.xml 文件中的</application>前面增加以下代码:

```
<activity
    android:name = ".AndroidActivity"></activity>
<activity
    android:name = ".iOSActivity"></activity>
<activity
    android:name = ".WindowsPhoneActivity"></activity>
```

程序运行的效果如图 3-28 所示。

图 3-28　多页面程序的运行效果

3.5 如何保存和管理自己的数据
——基本的 SQLITE 读写实验案例

实验目的：掌握轻量级数据库的操作和使用方法

实验案例内容：

本实验案例设计需求如下：学习 Android 开发的读者需要设计一个姓名和学号的数据库管理软件，可以录入参加学习的同学的姓名和学号；同时也可以通过姓名或者学号去查找并返回相应的内容。

该程序需要一个数据库对输入的信息进行管理和操作，在 Android 系统内嵌入一个轻量级的数据库——SQLite，我们可以通过 SQLite 的功能实现学生信息录入及查询操作。

基于上述思路，主要的设计过程如下。

在 Android 工程中新定义一个类专门用于数据库的操作，该类主要继承 SQLiteOpenHelper 类，利用这个类提供的 SQLite 数据库操作函数完成数据库读写操作，主要包括数据库的创建和初始化，利用 getReadableDatabase() 获取可读的数据库对象进行数据信息的查询，利用 getWritableDatabase() 获取可写的数据库对象进行数据信息的插入，该类主要包括：

(1) 数据库表单的创建和字段的定义

在使用数据库前，数据库需要具备几个因素：① 数据库文件，类似于 Excel 文件；② 在数据库文件中需要定义存储数据的表单，类似 Excel 文件中的表格；③ 在表单中定义每列数据的含义和属性。首先，我们需要定义数据库名称、表单名称和定义字段，其中字段的定义如下（括号内为数据类型）：

KEY_ID (integer)	KEY_NAME (text)	KEY_NUMBER (text)

完成上述的定义后，在新定义的类中使用 DATABASE_CREATE 字符串变量存储对应的数据库表单创建操作指令字符串，具体代码如下：

```
private static final String DATABASE_CREATE = "create table " +
    DATABASE_TABLE + "(" + KEY_ID +
    " integer primary key autoincrement, " +
    KEY_NAME + " text not null, " +
    KEY_NUMBER + " text not null);";
```

该字符串内容是标准的数据库表单创建操作指令。

(2) 实现数据库创建和更新操作函数设计

在继承 SQLiteOpenHelper 的数据库操作类中可以重写 onCreate() 和 onUpgrade() 两个类成员函数完成数据创建和更新操作，默认的代码如下：

```
void onCreate(SQLiteDatabase db) {
    // TODO Auto-generated method stub
}
public void onUpgrade(SQLiteDatabase db, int oldVersion, int newVersion) {
    // TODO Auto-generated method stub
}
```

(3) 数据库操作函数设计

在操作数据库时,新定义的类主要使用 getReadableDatabase() 和 getWritableDatabase() 函数完成数据的读取和插入的操作,这两个函数均返回数据库类型对象: SQLiteDatabase 类型对象。

基于 getWritableDatabase() 函数,可以使用所返回的 SQLiteDatabase 类型对象内的成员函数——insert() 完成对数据的插入操作。插入数据函数的主要代码如下:

```
public void insertNewValue(String name,String number){
    ContentValues values = new ContentValues();
    values.put(KEY_NAME, name);
    values.put(KEY_NUMBER, number);
    getWritableDatabase().insert(DATABASE_TABLE, KEY_ID, values);
}
```

基于 getReadableDatabase() 函数,可以使用所返回的 SQLiteDatabase 类型对象的成员函数——query() 实现数据查询并将获取的数据返回到游标类型的对象内进行存储,其中游标可以看作是多行数据的集合。查询并获取数据函数的主要代码如下:

```
public Cursor fetchdata(String name, String number){
    //mCursor 为返回的游标
    Cursor mCursor = getReadableDatabase().query(true, DATABASE_TABLE, new String[]
    {KEY_ID, KEY_NAME, KEY_NUMBER}, KEY_NAME + " = '" + name + "'", null, null, null,
    null, null);//查询正则式
    if(mCursor!= null) mCursor.moveToFirst();//将游标指向第一条
    return mCursor;
}
```

如果加入正则匹配,例如利用"like '%'+data"返回具有 data 存储内容的姓名和学号的全部数据,则 fetchdata 代码如下:

```
public String fetchdata(String data){
    Cursor mCursor = getReadableDatabase().query(true, DATABASE_TABLE,
                new String[]{KEY_ID, KEY_NAME, KEY_NUMBER}, KEY_NAME + " like '%"
```

```
                + data + "%' or " + KEY_NUMBER + " like '%" + data + "%'",
                    null, null, null, null, null);
    ……
}
```

基于上述介绍,详细的设计过程如下。

1. 主界面的设计

在界面中增加两个可编辑文本框控件和一个按键控件作为数据的录入操作界面的控件;同时在界面的底部增加一个可编辑文本框控件、一个作为查询结果显示的文本显示控件和一个按键控件作为查询界面的控件,如图 3-29 所示。

图 3-29 学生信息管理软件界面

其中本实验案例新增加的可编辑文本框控件(EditText)的 XML 代码如下:

```
<EditText
    android:id = "@ + id/numberid"
    android:layout_width = "fill_parent"
    android:layout_height = "wrap_content"
    android:layout_weight = "1"
    android:gravity = "center"
    android:singleLine = "true"
    android:inputType = "number"
    android:layout_alignParentLeft = "true"
    android:layout_alignParentStart = "true" />
```

EditText 的属性内容基本和前面实验案例使用的文本显示控件类似,但该控件提供了类成员函数——getText(),可获取输入数据的字符串信息。

2. 数据库操作类的设计

按照前面的介绍,在工程中新增加一个类:StudentInformationManager 类,该类继承于 SQLiteOpenHelper 类,该类主要的设计过程如下。

在 StudentInformationManager 类代码中,首先定义数据库字段名称、数据库的名称和表单的名称,代码如下:

```
public static final String KEY_ID = "_id";//主键
public static final String KEY_NAME = "name";//名字
public static final String KEY_NUMBER = "number";//学号
private static final String DATABASE_NAME = "StudentDatabase.db";//数据库名字
private static final int DATABASE_VERSION = 1;//版本号
private static final String DATABASE_TABLE = "StudentTable";//表名
private Context context = null;
```

其中 Context 的类型是 Android 开发中最为常用的类型。简单来说,Context 在 Android 中代表的是当前程序的上下文,即当前进程的运行环境,包含了对当前程序的生命周期、可访问的各类资源和得到服务的管理等。同时,Context 的传递使得 Android 系统能够掌握对各个控件和对象与对应的 Activity 的从属关系。一般而言,Context 有两类:一类 Activity 对应的 Context,生命周期和 Activity 是一致的,进程中可以包括多个 Activity 对应的 Context;一类是应用程序对应的 ApplicationContext 与 Activity 无关,可看作整个进程的 Context。

StudentInformationManager 类的构造函数将 ApplicationContext 作为传入参数,从而保持 StudentInformationManager 类的对象和整个进程在运行的上下文一致。同时在这个构造函数中,通过 super 调用父类构造函数将数据库的相关信息传入,包括数据库的名称、版本号等,代码如下:

```
public StudentInformationManager(Context context) {
    super(context, DATABASE_NAME, null, DATABASE_VERSION);
    this.context = context;
    // TODO Auto-generated constructor stub
}
```

创建数据表单的操作是通过 db.execSQL()执行创建数据库表单操作指令完成。在这个类中,DATABASE_CREATE 字符串型变量存储被用来存储这个操作指令,代码如下:

```
private static final String DATABASE_CREATE = "create table " +
    DATABASE_TABLE + "(" + KEY_ID +
```

```
    " integer primary key autoincrement, " +
    KEY_NAME + " text not null, " +
    KEY_NUMBER + " text not null);";
```

完成数据库表单创建指令后,我们重写 onCreate()函数,并调用 db.execSQL()函数实现数据库表单的创建,主要的代码如下:

```
@Override
public void onCreate(SQLiteDatabase db) {
    // TODO Auto-generated method stub
    db.execSQL(DATABASE_CREATE);
}
```

更新数据库的函数——onUpgrade(),也同时是调用 db.execSQL()函数来实现数据库的更新操作。当数据库版本发生改变时该函数会被调用,主要代码如下:

```
@Override
public void onUpgrade(SQLiteDatabase db, int oldVersion, int newVersion) {
    // TODO Auto-generated method stub
    db.execSQL("DROP TABLE IF IT EXISTS " + DATABASE_TABLE);
    onCreate(db);
}
```

在数据库操作函数的设计上,如前面介绍,主要是通过调用父类的 getReadableDatabase()和 getWritableDatabase()函数来实现,主要代码如下:

```
//向数据库插入数据函数
public void insert(String name, String number){
    //判断传入参数是否为空或者没有内容
    if(name == null || number == null)return;
    if(name.equals("") || number.equals(""))return;
    
    //先查询是否存在
    Cursor cousor = null;
    
    try{
        cousor = fetchdata(name, number);
    }catch(Exception e){
        cousor = null;
    }
    if(cousor!= null && cousor.getCount()>0){//若存在信息,则更新新的信息内容
        UpdateValue(name, number);
        cousor.close();
    }else{         //不存在,则直接插入数据库
        insertNewValue(name, number);
```

```
        }
        showSuccesstoSave();//显示保存成功
}

//数据查询函数
public Cursor fetchdata(String name, String number){
    //查询并将获取的数据存入到游标内
    Cursor mCursor = getReadableDatabase().query(true, DATABASE_TABLE, new String[]
{KEY_ID, KEY_NAME, KEY_NUMBER}, KEY_NAME + " = '" + name + "'",//比较字符串,需要加"单引号
    null, null, null, null, null);//正则匹配搜索
    if(mCursor!= null) mCursor.moveToFirst();//有数据,指向第一条
    return mCursor;
}


//更新数据库内容函数
public void UpdateValue(String name,String number){
    try{
        ContentValues values = new ContentValues();
        values.put(KEY_NAME, name);
        values.put(KEY_NUMBER, number);
        getWritableDatabase().update(DATABASE_TABLE, values,
    KEY_NAME + " = '" + name + "'", null);//比较字符串,需要加"单引号
    }catch(Exception e){
    }
}



// 插入新的数据函数
public void insertNewValue(String name,String number){
    ContentValues values = new ContentValues();
    values.put(KEY_NAME, name);
    values.put(KEY_NUMBER, number);
    try{
        getWritableDatabase().insert(DATABASE_TABLE, KEY_ID, values);
    }catch(Exception e){
    }
}


//查找数据函数
public String fetchdata(String data){
```

```
        Cursor mCursor = null;
        try{
        //查询并将获取的数据存入到游标内
            mCursor = getReadableDatabase().query(true, DATABASE_TABLE, new String[]
                {KEY_ID, KEY_NAME, KEY_NUMBER},
            KEY_NAME + " like '%" + data + "%' or " + KEY_NUMBER + " like '%" + data + "%'",
            null, null, null, null, null);//正则匹配,采用相似性查找,例如包括字符相同
            的内容都会返回
        }catch(Exception e){
            mCursor = null;
        }
        if(mCursor == null) return "没有结果";
        mCursor.moveToFirst();//如果有数据,从第一行开始处理
        int size = mCursor.getCount(); //再次判断数据行数是否为1
        if(size<1) return getNoresultString();//如果行数小于1,返回
    StringBuilder infor = new StringBuilder("");//创建一个字符串构建对象
        do{
        //从游标内根据 KEY 获取数据
            int nameindex = mCursor.getColumnIndex(KEY_NAME);
            int numberindex = mCursor.getColumnIndex(KEY_NUMBER);
            String name = mCursor.getString(nameindex);
            String number = mCursor.getString(numberindex);
            //将获得的内容顺序填入字符串构建对象,完成字符串内容的构建
            infor.append("姓名");
            infor.append(": ");
            infor.append(name);
            infor.append("\r\n");
            infor.append("学号");
            infor.append(": ");
            infor.append(number);
            infor.append("\r\n\r\n");
        }while(mCursor.moveToNext());
        return infor.toString();
    }
```

在向数据库表单插入数据的过程中,我们采用了 ContentValues 类,该类提供了类似 Hash 存储,即采用键值对"KEY-VALUE"的方式实现数据存储,目前支持包括 int 和 String 类型的数据存储。利用 ContentValues 类型的对象可以将字段定义为 KEY,数据内容定义为 VALUE,并传入到 insert()函数中实现对应字段数据的插入。在获取数据的过程中,Cursor 类型是游标类型,其内容可以是表单中多行数据的集合,并提供了对应的类成员函数实现不同行数据的读取,例如 moveToFirst()是

将指针指向第一行数据,getString()通过传入的 KEY 参数获取对应的字段数据。其中保存成功的函数代码如下:

```java
private void showSuccesstoSave(){
    Toast.makeText(context,"保存成功",Toast.LENGTH_SHORT).show();
}
```

上述代码中,我们采用了一种新的信息显示方式:Toast,该函数提供了一种特殊的信息显示模式,例如信息弹窗或者浮动显示等。

3. 主 Activity Java 程序代码的设计:

在完成数据库操作类的设计后,我们在 MainActivity 类中定义对应的控件对象,代码如下:

```java
private EditText nameedittext = null;//名字
private EditText numberedittext = null;//学号
private EditText searchinformation = null;//搜索内容
private Button savebutton = null;//保存按键
private Button searchbutton = null;//搜索按键
private TextView result = null;//用于显示搜索结果
```

在 MainActivity 类中新增一个类成员函数 init()完成包括控件的"映射",各个按键的响应函数定义等,并将该函数增加到 void onCreate(Bundle savedInstanceState)函数内。其中按键响应函数对 StudentInformationManager 类进行了实例化,并调用相应的类函数完成数据库操作。主要代码如下:

```java
private void init(){
    nameedittext = (EditText)findViewById(R.id.nameid);//文本编辑框控件(姓名)
    numberedittext = (EditText)findViewById(R.id.numberid);//文本编辑框控件(学号)
    searchinformation = (EditText)findViewById(R.id.informationid);//文本编辑框控件(输入搜索数据内容)
    result = (TextView)findViewById(R.id.resultid);
                                    //文本显示控件(显示搜索结果)
    //数据插入按键控件的"映射"和响应函数的定义
    savabutton = (Button)findViewById(R.id.savabuttonid);
    savabutton.setOnClickListener(new View.OnClickListener() {
        @Override
        public void onClick(View v) {
            // TODO Auto-generated method stub
            //实例化数据库操作类
            StudentInformationManager database = new StudentInformationManager(getApplicationContext());
            String name = nameedittext.getText().toString();//获取姓名
```

```
                String number = numberedittext.getText().toString();//获取学号
                database.insert(name, number);//数据插入操作
                database.close();//关闭数据库连接
            }
        });

        //数据查询按键控件的"映射"和响应函数的定义
        searchbutton = (Button)findViewById(R.id.searchbuttonid);
        searchbutton.setOnClickListener(new View.OnClickListener() {
            @Override
            public void onClick(View v) {
                // TODO Auto-generated method stub
                //实例化数据库操作类
                StudentInformationManager database = new
StudentInformationManager(getApplicationContext());
                //获取查询内容
                String information = searchinformation.getText().toString();
                //显示查询结果
                result.setText(database.fetchdata(information));
        database.close();//关闭数据库连接
            }
        });
}
```

该程序的运行效果如图 3-30 所示。

图 3-30　学生信息管理软件运行效果

3.6 网络接口案例——基于 TCP 的网络通讯实验案例

实验目的：掌握 Socket 和消息在 Android 应用开发中的使用方法

实验案例内容：

Android 系统下的网络编程是移动互联网开发的基础，其中 TCP 则是网络编程中的基础。本实验案例以一个可以收发字符串消息的 Android TCP 客户端程序作为设计需求。

TCP 操作主要是对 Socket 进行操作，但在 Android 系统中不允许在主线程中对 Socket 进行操作，否则将引起 NetworkOnMainThreadException 的异常。主要是由于网络连接超时或者处理时间过长可能会影响主线程（主 Activity 的 Java 线程）中其他的操作和处理，因此在 Android 系统中只能在其他的线程中操作 Socket。这样的处理同样会引入新的问题：如何将接收的内容显示到主界面的控件上，即在 Socket 接收线程中完成对界面控件的操作，例如对 TextView 控件进行操作。同样，直接在另外一个线程中对控件进行操作也将可能引起程序的异常退出，主要是由于两个线程在操作控件时，主线程和其他线程可能会出现竞争，导致线程不安全的情况出现。因此在这个实验案例的设计中，我们不仅需要多线程操作，还需要一个消息发送和响应来实现将其他线程获取的消息发送到主线程中，从而完成对界面控件的更新和操作。主要的设计过程如下。

1. 主界面的设计如下：

主界面包含如下控件：三个按键控件，分别用于连接、发送和断开操作；一个可编辑的文本框控件，用于输入发送的内容；一个文本显示控件，用于显示接收的内容。

2. Java 程序代码的设计：

在 Java 程序代码中，首先增加界面中对应的控件对象，代码如下：

```
private TextView out_text = null;
private EditText input_edit = null;
private Button btn_send = null;
private Button btn_conn = null;
private Button btn_discon = null;
```

利用 Socket 完成 TCP 的通讯操作，需要定义 Socket 操作的 IP 地址、端口和 Socket 对象，同时定义两个线程对象完成 TCP 的发送和接收操作，主要代码如下：

```
//TCP 服务器端的地址
private static final String HOST = "192.168.3.40";
//TCP 服务器端的端口
```

Android 开发基础实验案例

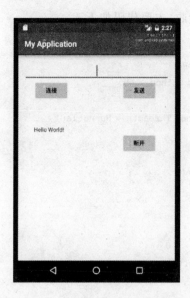

图 3-31　TCP 客户端软件界面设计效果

```
private static final int PORT = 40000;
//Socket 成员变量,所有的 Socket 操作将围绕这个对象展开
private static Socket client = null;
//为 Socket 输出定义一个字符流
private static PrintWriter out = null;
//接收显示的内容存储字符串
private String content_rev = "";
//发送线程
private Threadsend_Thread;
//接收线程
private Thread receive_thread;
```

在 void onCreate(Bundle savedInstanceState)函数中完成对控件的"映射":

```
out_text = (TextView) findViewById(R.id.TextView);
input_edit = (EditText) findViewById(R.id.EditText_input);
btn_send = (Button) findViewById(R.id.Button_send);
btn_conn = (Button) findViewById(R.id.Button_conn);
btn_discon = (Button) findViewById(R.id.Button_discon);
```

如前所述,如果 TCP 的发送和接收在主线程中直接使用会阻塞主线程的操作,因此需要启动新的线程来实现对 TCP 的发送和接收。

我们首先设计接收线程,即在 btn_conn 的按键响应函数 onClick()中开启一个新线程用于 TCP 数据的接收，主要代码如下：

```java
@Override
public void onClick(View v) {
// TODO Auto-generated method stub

    receive_thread = new Thread(new Runnable()
    {
        @Override
        public void run()
        {

        }
    });
    receive_thread.start();
}
```

其中 run()是该线程的执行操作内容，receive_thread.start()则在返回按键消息处理前启动该线程，这个过程也是实现接口的内部匿名类。为了接收 TCP 数据，在 run()函数中添加如下代码：

```java
try {
    //判断是否已经存在一个链接，如果存在就不需要重复创建链接
    if(client == null)
    //依据服务器地址和端口号码创建一个链接
    client = new Socket(HOST,PORT);
    //创建一个输入的字符流并指向 Socket 的数据字符流
    InputStream inputStream = client.getInputStream();
    //创建一个输入的字符流，并以 inputStream 作为初始化内容
    DataInputStreaminput_Stream = new DataInputStream(inputStream);
    //分配一段缓冲器用于存储接收的字符
    byte[] cache = new byte[20000];

    //无限循环接收
    while(true)
    {
    //获取接收到的字符长度
        int length = input_Stream.read(cache);
        //将接收到的字符进行编码，并转换为字符串
        String Msg_rev = new String(cache, 0, length, "gb2312");
        Log.v("data",Msg);
        //产生一个消息内容，并在 mHandler 中处理这个消息，目的是为了避免在线程中
            直接操作控件
        Message message_rev = new Message();
        //将内容字符串设置为接收到的字符串
```

```
            content_rev = Msg_rev;
            //发送消息给主线程
            mHandler.sendMessage(message_data);
        }
    }catch(Exception ex)
    {
        ex.printStackTrace();
    }
```

注意：任何关于 Socket 的操作都可能引发异常，因此在程序中必须有异常处理机制，即 try 和 catch。如前面介绍，由于 TextView 控件位于主线程中，为了避免其他的线程直接对主线程的控件进行操作，我们需要在接收线程中发送一个消息给主线程对应的消息响应对象，通过主线程对应的消息响应函数完成对控件的操作。为了在消息处理机制中操作 TextView 控件，我们需要在 MainActivity 类中增加消息类——Handler 的对象用于响应接收线程发送的消息。在接收线程的代码中，同时也将利用消息对象中的类成员函数 sendMessage()完成消息的发送。MainActivity 类中定义的消息对象的主要代码如下：

```
    public Handler mHandler = new Handler(){
        @Override
//消息响应函数,注意这里没有判断消息的内容,因为本实验仅有一个消息需要处理,消息
    仅是一个触发的机制,无需做消息类型的判断
        public void handleMessage(Message msg){
//操作文本显示控件显示接收到的数据
            out_text.setText(out_text.getText().toString() + content_rev);
        }
    }
```

发送线程的设计则是在 btn_send 的按键响应函数 onClick()中新增加一个线程用于数据的发送，主要代码如下：

```
    @Override
    public void onClick(View v){
    // TODO Auto-generated method stub
    send_Thread = new Thread(new Runnable(),
        {
            @Override
            public void run(){
            //同样判断是否已经存在链接
        if(client == null){
            try{
                client = new Socket(HOST,PORT);
```

```
                    //创建一个输出的字符流,以Socket作为输出
                    PrintWriter out = new PrintWriter(client.getOutputStream());
                    //向这个对象输入字符串,即从可编辑文本框中获取内容并发送
                    out.println(input_edit.getText().toString());
                        //将这个字符串进行输出
                        out.flush();
                    } catch (UnknownHostException e) {
                        e.printStackTrace();
                    } catch (IOException e) {
                        e.printStackTrace();
                    }}
                    //如果存在链接,就直接对字符流进行操作
                    else {try {
                        PrintWriter out = new
                        PrintWriter(client.getOutputStream());
                        out.println(input_edit.getText().toString());
                        out.flush();
                    } catch (UnknownHostException e) {
                            e.printStackTrace();
                    } catch (IOException e) {
                            e.printStackTrace();
                        }
                    }
                }
            });
    send_Thread.start();
        }
```

关闭TCP连接操作主要是通过在btn_discon的按键响应函数中调用Socket类的close()函数,并将Socket对象设置为null,主要的代码如下:

```
public void onClick(View v) {
    try {
        client.close();
        client = null;
    }
    catch(Exception ex)
    {
        ex.printStackTrace();
    }
}
```

为了使用网络权限,需要在AndroidManifest.xml中的＜/manifest＞位置前增

加如下代码：

<uses-permissionAndroid:name="android.permission.INTERNET"/>

在本地计算机上开启网络调试助手进行测试，运行效果如图3-32所示。

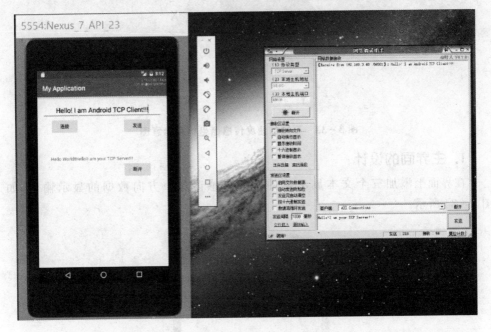

图3-32　TCP数据收发运行效果图

3.7　传感器使用方法——加速度（重力传感器）传感器数据读取实验案例

实验目的：掌握传感器接口的基本操作和使用方法

实验案例内容：

在Android系统终端设备中，三轴加速度传感器是使用最广泛的硬件传感器之一，包括屏幕的自适应旋转、计步程序等都会使用加速度传感器。所谓的三轴加速度传感器是指可以同时获得以传感器芯片为参考平面的水平、前后和上下三个方向轴的加速度信号。如果加速度传感器芯片的参考平面和水平平面重合，静止状态时上下方向轴的重力加速度数值约为9.8；如果参考平面与水平平面呈一定的夹角，则在三个轴上都会有重力加速度的分量，合加速度数值仍然是9.8；在运动时，三轴加速度传感器能够实时地获取以加速度传感器芯片平面为参考平面的X、Y、Z三个轴的加速度分量，如图3-33所示。

在本实验案例中，我们通过接口设计最简单的加速度传感器数据获取程序，即直接获取和显示三个轴方向的加速度数值。主要的设计过程如下。

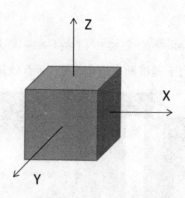

图 3-33 三轴加速度传感器坐标系示意图

1. 主界面的设计：

在界面上添加三个文本显示控件作为传感器三个方向数据的显示输出，如图 3-34 所示。

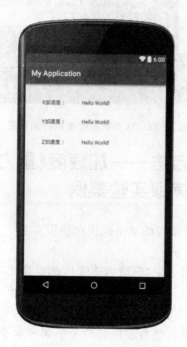

图 3-34 加速度传感器数值显示界面

在 Android 开发中为了获取加速度传感器的数据，需要采用 Java 接口进行实现。如第二章所述，接口和类的继承在形式上非常相似，但存在本质的区别。继承是从一个类中将所有的函数和类成员变量都"复制过来"，并增加自己的内容组成一个新的类；接口则是将已经写好的某种标准函数添加到某个类里面，可以根据需要进行重写。使用接口的关键词是：implements。

2. Java 程序代码的设计：

将接口在 MainActivity 类中进行实现需要对 MainActivity 类定义进行如下修改：

```
public class MainActivity extends AppCompatActivity implements SensorEventListener
```

按照界面的设计，定义 TextView 类型的对象作为 MainActivity 类成员变量：

```
TextView x_text
TextView y_text
TextView z_text
```

并在 void onCreate(Bundle savedInstanceState)函数中完成和界面对应控件的"映射"。在完成 Java 程序代码的设计前，我们可以通过这个实验案例进一步了解 Android 的生命周期过程。一般而言 Android 生命周期如图 3-35 所示。

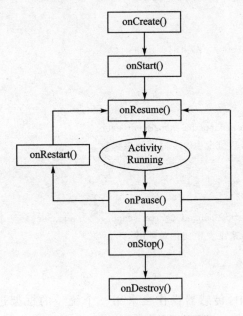

图 3-35 Android 程序的生命周期

一个 Android 程序的启动首先会调用 onCreate()，这也是为什么 onCreate()函数会是 Activity 的"初始化"函数；onStart()函数则是界面被显示出来的时候执行；onResume()是当该程序与用户能进行交互时被执行，用户可以获得 Activity 的焦点或者是程序从被中断的状态中恢复时调用；当我们按下 Android 的 Home 按键并终止这个程序时，onStop()会被执行；当程序被暂停时会执行 onPause()，例如电话程序服务打断当前程序的运行；onRestart()在重新启动 Activity 时调用，该程序仍在栈中,不会启动新的程序。回顾多页面切换实验案例,我们调用了 finish() 函数停止当前的 Activity,finish() 函数作用与 onDestory() 类似,但 finish() 函数并不会直接在内存中的空间释放 Activity,而是采用了一种类似于先进先服务(First-in-First-Server)的操作,从而将最初的 Activity 进行释放;而 onDestory() 直接释放该 Activity 在内存中的空间。

因此,为了保证程序在启动、恢复或者退出的时候都能对传感器进行注册或者注销操作,我们需要重写这些函数以及传感器的接口函数,这些函数的代码如下:

```
@Override
public void onResume()//恢复时调用该函数
{
}
@Override
protected void onPause()//暂停时调用该函数
{
}
@Override
protected void onStop()//结束时调用该函数
{
}
@Override
public void onSensorChanged(SensorEvent event)
//接口函数,传感器数值发生改变时调用该函数
{
}
@Override
public void onAccuracyChanged(Sensor sensor, int accuracy)
//接口函数,传感器精度发生变化时调用
{
}
```

在 Android 系统中,传感器操作会采用一个统一的框架进行调用,即 SensorManager。在 MainActivity 类中添加 SensorManager 类的对象,代码如下:

```
SensorManager Sensor_Acc;
```

在 onCreate(Bundle savedInstanceState) 函数中完成初始化操作,包括获取系统的传感器服务和对系统监听传感器消息对象的定义,主要代码如下:

```
Sensor_Acc = (SensorManager)getSystemService(SENSOR_SERVICE);
Sensor_Acc.registerListener(this, Sensor.getDefaultSensor(Sensor.TYPE_ACCELEROMETER), SensorManager.SENSOR_DELAY_UI);
```

其中 registerListener() 的第一个参数是指明传感器消息响应对象,本实验案例将 MainActivity 作为传感器消息响应对象,因此我们可以直接将 this,即 MainActivity 自身作为参数传入;getDefaultSensor(Sensor.TYPE_ACCELEROMETER) 通过传入的传感器类型参数获取所需对应类型传感器系统服务;SensorManager.SENSOR_DELAY_UI 指明了传感器数据的采样率,其中 SensorManager.SENSOR_DELAY_UI 默认是 60ms。

同样,我们也可以在程序恢复时重新注册传感器。因此,如前面图 3-35 所示,传感器的注册操作可在 onResume() 函数中完成,代码如下:

```
@Override
public void onResume()
{
    super.onResume();           // 注册传感器监听器
    Sensor.registerListener( this,Sensor.getDefaultSensor(Sensor.TYPE_ACCELEROMETER),SensorManager.SENSOR_DELAY_UI);
}
```

在程序暂停和退出时需要注销传感器监听和服务,主要的代码如下:

```
@Override
protected void onPause()
{
    // 注销传感器服务
    Sensor.unregisterListener(this);
    super.onPause();
}
@Override
protected void onStop()
{
    // 注销传感器服务
    Sensor.unregisterListener(this);
    super.onStop();
}
```

由于将在 MainActivity 内实现传感器的接口,并将 MainActivity 作为传感器消息响应对象,我们可以在该类中重写传感器消息响应函数:void onSensorChanged(SensorEvent event),获取加速度传感器的数据。该函数在刷新时间达到时,会由系统以回调的方式进行调用,其中 event 形式参数包含了传感器类型和传感器数据等信息。我们可以通过 event 形式参数获取加速度传感器的数据,主要代码如下:

```
@Override
public void onSensorChanged(SensorEvent event) {
//定义一个数组存储传感器的数据
    float[] values = event.values;
    //获取触发传感器类型,处理不同传感器类型的数值
    int sensorType = event.sensor.getType();
    // 分类处理不同类型的传感器消息
    switch (sensorType)
    {
        case Sensor.TYPE_ACCELEROMETER://加速度传感器类型处理分支
            // 获取与 X 轴的数值
            float xAccess = values[0];
            // 获取与 Y 轴的数值
            float yAccess = values[1];
// 获取与 Z 轴的数值
            float zAccess = values[2];
            //更新窗口的显示内容
            x_text.setText(Float.toString(values[0]));
            y_text.setText(Float.toString(values[1]));
            z_text.setText(Float.toString(values[2]));
    }
}
```

在实际运行过程中,读者会发现传感器的数值会在很小的范围内随机跳动,实际操作过程中还需要对传感器的数值进行平滑滤波。

3.8 自定义的 View 类——基于表盘界面的水平仪实验案例

实验目的:掌握自定义控件的设计方法和进一步了解传感器接口的使用方法

实验案例内容:

将上面的实验案例再加以拓展:Android 系统中已经提供了一些必要的控件,例如 TextView、Button 等,但在特殊的 Android 程序开发需求下,如果系统中没有提供可以使用的控件,则需要开发者自己设计一个控件。参考《疯狂 Android 讲义》中水平仪器的设计,我们将加速度传感器实验进行扩展,增加一个水平表盘表示手机姿态和水平面的关系,但并不采用图片作为表盘和气泡显示资源,直接利用画板绘制表盘和气泡圆点,如图 3-36 所示。

图3-36所示的水平表盘的控件无法直接从Android默认的控件中获取,需要开发者自己定义。在Android开发中,View类是控件的父类,例如按键、文本显示和可编辑文本框控件等都是以View类作为父类。因此我们在设计自定义控件时,可以利用这个类来作为父类进行控件的设计,主要的设计过程如下。

图3-36 水平表盘示意图

1. 自定义控件的设计:

首先新建一个Java类,可通过右键菜单选择New→Java Class,如图3-37所示。

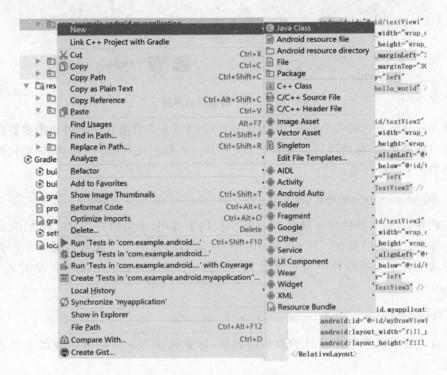

图3-37 新增Java Class的选项

在弹出的对话框中,我们将这个Java Class命名为myDrawPlate,Superclass选择View,并单击OK键创建一个以View为父类继承的新类:myDrawPlate类,如图3-38所示。

如前面的实验案例介绍,自定义的控件与另外一个类Context有着密切的关系,Context在Android中表示运行的环境或者上下文。在实际的运行过程中,所有的

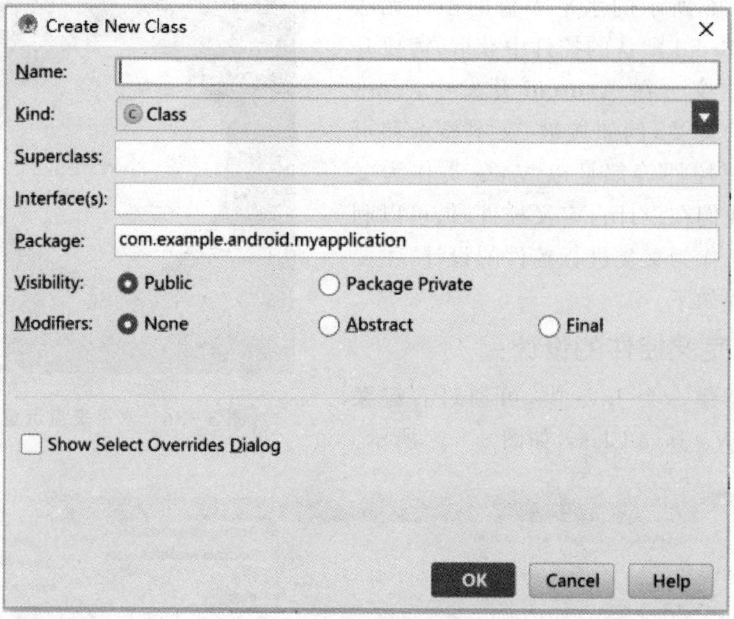

图 3-38 新增类的界面

控件都应该运行在同一个环境中,因此 myDrawPlate 类对象在构造时也需要获取当前运行环境信息,保持运行环境的上下文一致。在新生成的 myDrawPlate 类代码文件中引入 Context 类:

```
import android.content.Context;
```

此外,自定义的控件不仅在 Java 程序代码中使用,也可以在 XML 中使用,并可能会添加一些新的属性。因此,AttributeSet 参数将被用于获取这些属性并作为参数传入到自定义的控件中进行初始化。因此,在 myDrawPlate 类中需要引入 AttributeSet 类:

```
import android.util.AttributeSet;
```

在本实验案例中并没有增加新的属性,这里仅作为一个构造函数的参数进行传递。

如第二章所述,在面向对象的编程中,构造函数可以是多个,但必须显示调用,这里调用的是带参数的构造函数,参数包括 Context 和 AttributeSet 这两个类型的形式参数。在构造函数中将这两个参数传入到定义控件的父类,即 View 类中,主要代码如下:

```
public myDrawPlate(Context context, AttributeSet attrs) {
    super(context, attrs);
    // TODO Auto-generated constructor stub
```

Android 开发基础实验案例

}

在表盘的显示绘画中,当传感器的数据发生变化时,需要根据传感器数值来重新绘制表盘的圆点,我们需要使用系统重绘的回调函数。在重新绘制表盘的这个操作中,当表盘中的圆点位置需要变化时,我们使用函数 postInvalidate()向操作系统发送消息,该消息使得操作系统对当前自定义控件的显示内容定义为失效,并在调用回调函数的时候能对表盘图像内容进行重绘。View 类为我们提供了一个回调函数——onDraw()。我们需要在 myDrawPlate 类中重写这个函数,主要代码如下:

```
protected void onDraw(Canvas canvas){
    super.onDraw(canvas);
    Paint mPaint = new Paint();
    mPaint.setFlags(Paint.ANTI_ALIAS_FLAG);

    //画出背景雷达
    mPaint.setColor(Color.YELLOW);
    mPaint.setStyle(Paint.Style.FILL_AND_STROKE);
    //画笔样式,stroke 线条采用填充方式
    mPaint.setStrokeWidth(5);//设置线条粗细
    SweepGradient sg1 = new SweepGradient(getWidth()/2f,getHeight()/2f,Color.
    YELLOW,Color.GREEN);//设置渐变色,从黄到绿
    mPaint.setShader(sg1);//设置图形阴影效果

    //圆盘的绘制操作
    canvas.drawCircle(getWidth()/2,getHeight()/2,MAX_BACKGROUND_RADIUS,mPaint);
    mPaint.setColor(Color.BLUE);

    //圆点的绘制操作
    canvas.drawCircle(cx, cy, BALL_RADIUS, mPaint);
}
```

在上述的代码中使用到画布和画刷等类进行图形的绘画。画布相当于提供了一个工具箱和绘画的平台,在画布内可利用各类工具函数进行各种线条和形状的绘画,在 Android 框架中以 canvas 命名;画刷是实际绘画的工具,设置包括线条的宽度、颜色和样式等,在 Android 框架中以 Paint 命名。在上述代码中,当画刷设置完后,需要调用 canvas 类中的画圆函数绘制表盘和圆点,代码如下:

```
canvas.drawCircle(getWidth()/2,getHeight()/2,MAX_BACKGROUND_RADIUS,mPaint);
canvas.drawCircle(cx, cy, BALL_RADIUS, mPaint);
```

该函数原型如下:

```
canvas.drawCircle(cx, cy, BALL_RADIUS, mPaint);
```

参数则是表盘和圆点的坐标和半径等,在 myDrawPlate 类中我们增加如下类成员变量定义表盘和圆点的半径和坐标:

```
public static final float MAX_BACKGROUND_RADIUS = 150f;
public static final float BALL_RADIUS = 10f;
public float cx = 10f,cy = 10f;
```

其中,cx 和 cy 为圆点的坐标,通过改变该参数的数值,圆点位置在重绘时也会发生变化。

我们需要将前一个实验案例获取的三轴加速度数据进行转换,从而得到对应圆点的坐标。主要思路如下:加速度是一个矢量信号,三轴加速度是获取三个正交轴上的加速度分量,如图 3-33 所示。当传感器位于水平时,X 轴和 Y 轴的分量大小为 0,重力加速度全部位于 Z 轴上,数值为 9.8。当传感器与水平面不重合时,我们可以通过如下函数式获取圆点坐标信息:

$$cx = \text{MAX\_BACKGROUND\_RADIUS} \times X/9.8$$
$$cy = \text{MAX\_BACKGROUND\_RADIUS} \times Y/9.8$$

其中,MAX_BACKGROUND_RADIUS 为圆盘的最大半径,X 或者 Y 为加速度在相应轴的分量大小,9.8 为最大重力加速度的数值。

为了将自定义的控件显示到界面上,我们在 activity_main.xml 中可以通过"路径+控件类名"使用该控件。完整的 XML 文件代码如下:

```xml
<?xml version = "1.0" encoding = "utf-8"?>
<RelativeLayout xmlns:android = "http://schemas.android.com/apk/res/android"
    xmlns:tools = "http://schemas.android.com/tools"
    android:id = "@+id/activity_main"
    android:layout_width = "match_parent"
    android:layout_height = "match_parent"
    android:paddingBottom = "@dimen/activity_vertical_margin"
    android:paddingLeft = "@dimen/activity_horizontal_margin"
    android:paddingRight = "@dimen/activity_horizontal_margin"
    android:paddingTop = "@dimen/activity_vertical_margin"
    tools:context = "com.example.android.myapplication.MainActivity">

    <TextView
        android:id = "@+id/textView1"
        android:layout_width = "wrap_content"
        android:layout_height = "wrap_content"
        android:layout_marginLeft = "30dp"
        android:layout_marginTop = "30dp"
        android:gravity = "left"
        android:text = "hello_world" />
```

```xml
<TextView
    android:id = "@+id/textView2"
    android:layout_width = "wrap_content"
    android:layout_height = "wrap_content"
    android:layout_alignLeft = "@+id/textView1"
    android:layout_below = "@+id/textView1"
    android:gravity = "left"
    android:text = "TextView2" />

<TextView
    android:id = "@+id/textView3"
    android:layout_width = "wrap_content"
    android:layout_height = "wrap_content"
    android:layout_alignLeft = "@+id/textView2"
    android:layout_below = "@+id/textView2"
    android:gravity = "left"
    android:text = "TextView3" />
<!-- 自己定义的表盘控件 -->
<com.example.android.myapplication.myDrawPlate
    android:id = "@+id/myDrawPlate1"
    android:layout_width = "fill_parent"
    android:layout_height = "fill_parent"/>
</RelativeLayout>
```

同时为 MainActivity 类中增加这个控件类的对象:

```
myDrawPlate myView1;
```

在 onCreate(Bundle savedInstanceState)函数完成控件的"映射"操作:

```
myView1 = (myDrawPlate)findViewById(R.id.myDrawPlate1);
```

为了换算加速度数值对应的圆点坐标,我们在 MainActivity 类中定义一个表盘坐标的更新和通知重绘的函数——DrawBall(),主要代码如下:

```
private void DrawBall(float x,float y)
{
    float max_x = myDrawPlate1.MAX_BACKGROUND_RADIUS - myDrawPlate1.BALL_RADIUS;
    //x 方向可移动的最大距离
    float max_y = myDrawPlate1.MAX_BACKGROUND_RADIUS - myDrawPlate1.BALL_RADIUS;
    //y 方向可移动的最大距离
    float percentageX = x/9.8;//x 方向的受力比例,决定其在 x 轴的相对位置
    float percentageY = y/9.8;//y 方向的受力比例,决定其在 y 轴的相对位置
```

```
        int pixel_x = (int)(max_x * percentageX);//以屏幕左上角为坐标计算圆点 x 坐标
        int pixel_y = (int)(max_y * percentageY);//以屏幕左上角为坐标计算圆点 y 坐标
        myView1.cx = myView1.getWidth()/2 + pixel_x;//相对于控件中心进行坐标偏移,获
得圆点应该绘制的 x 坐标位置
        myView1.cy = myView1.getHeight()/2 + pixel_y;//相对于控件中心进行坐标偏移,获
得圆点应该绘制的 y 坐标位置
        myView1.postInvalidate();//通知系统重绘
   }
```

该函数主要是根据加速度传感器的数值完成圆点坐标的更新,并使用 postInvalidate()函数通知系统对控件进行重绘。由于本实验案例没有采用缓冲,因此每次需要将圆点和圆盘一起进行重绘。

为了对比不同的用法,本实验案例不使用传感器接口在 MainActivity 内实现,即去除前面传感器实验案例代码中的 MaiActivity 类定义中的 implements SensorEventListener 部分;并且也不将 MainActivity 自身作为传感器消息响应的对象。主要的设计过程如下。

在 MaiActivity 类中引入以下类:

```
   import android.hardware.Sensor;
   import android.hardware.SensorEvent;
   import android.hardware.SensorEventListener;
   import android.hardware.SensorManager;
```

由于在初始化传感器操作中不再将 this 作为参数进行传递,我们需要新增一个类成员变量——Listener_Acc,作为传感器的消息响应对象。传感器的初始化代码变为如下内容:

```
   mSensorManager.registerListener(Listener_Acc,mSensorManager.getDefaultSensor(Sensor.TYPE_ACCELEROMETER),SensorManager.SENSOR_DELAY_UI);
```

在新增加的传感器消息响应对象 Listener_Acc 中将前一个实验案例的 DrawBall()函数添加到 onSensorChanged()函数内实现表盘和圆点的定期重绘,主要代码如下:

```
   private SensorEventListener Listener_Acc = new SensorEventListener(){
       @Override
       public void onSensorChanged(SensorEvent event) {
       //定义一个数组存储传感器的数据
       float[] values = event.values;
       //获取触发的传感器类型,处理不同传感器类型的数值
       int sensorType = event.sensor.getType();
       // 分类处理不同类型的传感器消息
       switch (sensorType)
```

```java
{
        case Sensor.TYPE_ACCELEROMETER://加速度传感器类型处理分支
            // 获取与 X 轴的数值
            float xAccess = values[0];
            // 获取与 Y 轴的数值
            float yAccess = values[1];
            // 获取与 Z 轴的数值
            float zAccess = values[2];
            //更新窗口的显示内容
            x_text.setText(Float.toString(values[0]));
            y_text.setText(Float.toString(values[1]));
            z_text.setText(Float.toString(values[2]));
            DrawBall(-xAccess, yAccess);
        }


    }
    @Override
    public void onAccuracyChanged(Sensor sensor, int accuracy) {

    }
};
```

该程序的运行效果如图3-39所示。

图3-39 水平仪程序运行效果

3.9 自定义控件实验(2)——画图板实验案例

实验目的：进一步掌握自定义控件的设计方法和其他控件的使用方法
实验案例内容：

在自定义控件的基础上,同样设计一个画图板的控件；该控件提供包括不同粗细、颜色的画笔功能选择,同时可以保存上一次的绘画笔迹进行连续的绘画。

画图板包括三个因素：画布提供一个工具和绘画平台,可以利用想要的工具进行不同图形的绘制；画刷设置颜色和线的粗细；与 3.8 节实验案例对比,我们需要保存上一次的笔迹,并在此基础上继续绘画,因此还需要一张画纸,即将绘图保存在一个图片缓冲区内,每次显示时都将缓冲区内的图像调出来进行绘制并显示,大多数资料将这个过程称为双缓冲,例如《疯狂 Android 讲义》中提到的。

画图板同样需要重新自定义一个控件,这个控件可响应并处理包括单击屏幕、拖动和释放等事件并完成笔迹图像的绘制。其核心在于重写 public boolean onTouchEvent(MotionEvent event)函数和 protected void onDraw(Canvas canvas)函数。主要设计过程如下：

1. 继承 View 并自定义一个新的画板控件类

```
public class HandWrittingView    extends View{……}
```

在 XML 文件中,我们同样可以使用这个控件,其中 com. example. HandWrittingView 为控件完整路径名称：

```
<com.example.test.HandWrittingView
android:id = "@ + id/HWV_1"
android:layout_width = "fill_parent"
android:layout_height = "fill_parent"
android:gravity = "center"
android:background = "#000000" >
</com.example.test.HandWrittingView>
```

其中 HandWrittingView 类是自定义的画板控件类的名称,在这个自定义的控件类中添加三个类成员变量：

```
private Canvas mCanvas;//定义一个画布
private Bitmap mBitmap;//定义一个位图(画纸)
private Paint paint;//定义一个画刷
```

由于 onDraw(Canvas canvas)函数在每次控件的绘制时都会刷新显示内容,并把之前显示的内容进行覆盖,为了保存上次的笔迹,我们需要一张画纸(位图 mBitmap 对象)保存之前的笔迹图像作为图像的缓冲保存。与 3.8 节的自定义表盘类似，HandWrittingView 的构造函数代码如下：

```
public HandWrittingView (Context context, AttributeSet attrs) {
    super(context, attrs);
}
```

2. 对笔刷功能函数的设计

为 HandWrittingView 增加 setColor() 和 setStrokeWidth() 类成员函数实现笔的颜色和粗细功能的设置，由于这两个功能需要从外部调用，因此类成员函数的属性应该为 public。函数主要是通过调用 Paint 类的成员函数修改画笔对象的参数设置，主要代码如下：

```
//设置笔刷颜色
public void setcolor(int color){
    if(paint!= null){
        paint.setColor(color);
    }
}
//设置笔刷宽度大小
public void setPenSize(float size){
    if(paint!= null){
        paint.setStrokeWidth(size);
    }
}
```

在 3.8 节中，每次调用传感器消息响应函数都会全部重绘一次控件，因此不需要缓冲之前的图像信息，但这个实验案例中我们需要保存上次的绘图笔迹。因此，我们需要重写以下两个回调函数：① 在 View 尺寸发生变化的时候需要重新定义控件的大小，即重写 onSizeChanged() 函数，该函数也会在第一次启动时调整画板的尺寸时被调用。在该函数中我们可定义位图对象用于缓冲和保存笔迹；② 在每次重绘中都需要将位图缓冲图像保存的笔迹进行显示，即 onDraw() 函数的重写，在该函数中将位图中缓冲的图像显示到控件上。主要代码如下：

```
protected void onSizeChanged(int w, int h, int oldw, int oldh) {
    // TODO Auto-generated method stub
    mBitmap = Bitmap.createBitmap(w, h, Bitmap.Config.ARGB_8888);
    //创建位图缓冲对象，即用一张画纸缓冲和存储笔迹，并定义位图的存储位宽度为 ARGB
      _8888
    mCanvas.setBitmap(mBitmap);//定义笔迹在该位图对象存储空间内进行缓冲存储
    super.onSizeChanged(w, h, oldw, oldh);
}
//在 onDraw 函数中将缓冲的图片画到画布上：
```

```
protected void onDraw(Canvas canvas) {
    // TODO Auto-generated method stub
    super.onDraw(canvas);
    canvas.drawBitmap(mBitmap,0 , 0, null);//将位图,即画纸上的内容画到屏幕上
}
```

3. 捕捉触摸单击事件和笔迹绘画

绘制直线或者曲线的设计思路如下：利用 Android 触摸屏单击事件处理框架，即触摸屏被单击、连续滑动触摸或者释放时,系统会连续给出每个时间间隔点的单击坐标,我们连续获取这些坐标并连续画线,这些线首尾连接便组成了笔迹的直线或曲线,如图 3-40 所示。

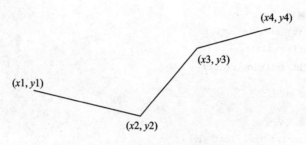

图 3-40　Android 画线示意图

具体可以通过重写 View 父类中的 onTouchEvent()函数实现单击屏幕的响应处理,即在 HandWrittingView 类中重写 onTouchEvent()函数,并利用所传入的 event 类型对象参数的类成员函数——getAction()得到当前事件类型和坐标信息。代码如下：

```
public boolean onTouchEvent(MotionEvent event) {
    // TODO Auto-generated method stub
    int action = event.getAction();
    switch(action){//触摸状态
    case MotionEvent.ACTION_DOWN://单击
        //在这里获取起始点坐标
        break;
    case MotionEvent.ACTION_MOVE://移动(滑动触摸)
        //在这里获取移动点坐标
        break;
    case MotionEvent.ACTION_UP://收笔
        //在这里获取末点坐标
        break;
    default:
        break;
```

```
        }
        return true;
}
```

为了完成笔迹的绘制,在 HandWrittingView 类中定义如下浮点型的类成员变量用于保存当前触摸的坐标和上一次的坐标数据,代码如下:

```
private float startX = 0;
private float startY = 0;
private float stopX = 0;
private float stopY = 0;
```

在得到前后两个点的坐标后,我们可以利用 Canvas 中的 drawLine 方法绘制笔迹线段(这里只进行简单的前后点连接,如果想笔迹平滑,可以考虑利用贝塞尔曲线方法)。

注意:每次在 onTouchEvent()函数内使用 drawLine 绘制线段后,需要对视图进行重绘。在界面的线程中可以调用 invalidate(),在其他线程中调用 postInvalidate(),并且只有在调用上述函数时,系统才会回调 onDraw 函数(不直接调用 onDraw)进行重绘,新的笔迹图像才会得以更新。

按照上述的思路,我们重写 onTouchEvent 函数,主要代码如下:

```
@Override
public boolean onTouchEvent(MotionEvent event){
        // TODO Auto-generated method stub
        int action = event.getAction();
        switch(action){

        case MotionEvent.ACTION_DOWN://单击
            //在这里获取起始点坐标
            startX = event.getX();
            startY = event.getY();
            break;

        case MotionEvent.ACTION_MOVE://移动(滑动触摸)
            //在这里获取移动点坐标
            stopX = event.getX();
            stopY = event.getY();
            mCanvas.drawLine(startX, startY, stopX, stopY, paint);//绘图
            //把结束点赋值给起始点,作为下一次的起始点坐标
            startX = stopX;
            startY = stopY;
            invalidate();//通知系统需要重绘制
```

```
        break;

    case MotionEvent.ACTION_UP://收笔
        stopX = event.getX();
        stopY = event.getY();
        invalidate();//通知系统需要重绘制
        break;

    default:
        break;
    }
    return true;
}
```

4. 设置功能的设计

为了实现笔迹颜色、粗细等参数的设置，我们需要使用两种控件：复选按键 RadioButton 控件和滑动条 SeekBar 控件。这两类控件的使用基本和 Button 控件类似，都有自己的事件监听函数和响应回调函数。其中，RadioButton 控件用来设置颜色，我们将多个 RadioButton 置于一个 RadioGroup 内，保证有且只有一个 RadioButton 控件会被选中；SeekBar 控件用来设置笔的粗细，该控件在滑动条发生滑动时也会调用滑动事件的消息响应函数，XML 代码中的 android:max="10" 和 android:progress="5" 分别指定滑动条的最大数值和初始数值。设计过程如下。

在界面的 XML 文件中增加 RadioButton、SeekBar 和自定义的控件代码，主要的代码如下：

```
<!-- 画笔颜色标题显示 -->
<TextView
    android:layout_width = "wrap_content"
    android:layout_height = "wrap_content"
    android:id = "@ + id/colorsettingtitle"
    android:text = "颜色设置"/>
<!-- 颜色选择组 -->
<RadioGroup
    android:layout_below = "@id/colorsettingtitle"
    android:id = "@ + id/colorgroupid"
    android:layout_width = "wrap_content"
    android:layout_height = "wrap_content"
    android:orientation = "horizontal"
    android:layout_marginTop = "10dip"
    android:layout_marginBottom = "5dip">
```

```xml
<!-- 黑色 -->
<RadioButton
    android:id = "@+id/blackbutton"
    android:layout_width = "wrap_content"
    android:layout_height = "wrap_content"
    android:text = "@string/black"
    android:textColor = "#ff000000"
    android:layout_marginRight = "5dip"
    />
<!-- 红色 -->
<RadioButton
    android:id = "@+id/redbutton"
    android:layout_width = "wrap_content"
    android:layout_height = "wrap_content"
    android:text = "@string/red"
    android:textColor = "#ffff0000"
    android:layout_marginRight = "5dip"
    />
<!-- 绿色 -->
<RadioButton
    android:id = "@+id/greenbutton"
    android:layout_width = "wrap_content"
    android:layout_height = "wrap_content"
    android:text = "@string/green"
    android:textColor = "#ff00ff00"
    android:layout_marginRight = "5dip"
    />
<!-- 蓝色 -->
<RadioButton
    android:id = "@+id/bluebutton"
    android:layout_width = "wrap_content"
    android:layout_height = "wrap_content"
    android:text = "@string/blue"
    android:textColor = "#ff0000ff"
    android:layout_marginRight = "5dip"
    />
</RadioGroup>
<!-- 笔宽度栏目标题 -->
<TextView
    android:layout_toRightOf = "@id/colorgroupid"
    android:layout_width = "wrap_content"
    android:layout_height = "wrap_content"
```

```
    android:text = "笔大小"
    android:id = "@ + id/penseizesettingtitle"
    android:layout_marginBottom = "10dip"
    android:layout_marginLeft = "10dip"/>
<!-- 滑动条 -->
<SeekBar
    android:id = "@ + id/pensize"
    android:layout_below = "@id/penseizesettingtitle"
    android:layout_toRightOf = "@id/colorgroupid"
    android:layout_width = "180dip"
    android:layout_height = "wrap_content"
    android:max = "10"
    android:progress = "5"
    android:paddingLeft = "5dip"
    android:paddingRight = "15dip"
    android:layout_marginLeft = "10dip"
    />
<!-- 自定义控件 -->
<com.example.test.HandWrittingView
    android:id = "@ + id/HWV_1"
    android:layout_width = "fill_parent"
    android:layout_height = "fill_parent"
    android:gravity = "center"//垂直方向位置居中
    android:background = "#000000" >//设置背景颜色为白色
</com.example.test.HandWrittingView >
```

在 MainActivity 类中添加对应的控件对象,并在初始化函数 init()中完成各个控件的"映射"和所对应的响应函数的定义,主要代码如下:

```
//增加对应的控件对象,作为 MainActivity 的类成员变量
privateHandWrittingView  handwrittingView = null;//画板控件
private RadioGroup colorgroup = null;//颜色组复选按键控件
private SeekBar pensizebar = null;//滑动条控件,用于设置笔刷大小
//初始化函数用于初始化画板的属性:
private void init(){
    handwrittingView = (HandWrittingView )findViewById(R.id.HWV_1);
    //设置初始化黑色 RadioButton 被选中
    RadioButton blackbutton = (RadioButton)findViewById(R.id.blackbutton);
    blackbutton.setChecked(true);//开始时选择黑色
    //"映射"颜色设置 RadioGroup 组控件
    colorgroup = (RadioGroup)findViewById(R.id.colorgroupid);
    //当颜色选择 RadioButton 控件选择发生改变时,会触发该函数
```

```java
colorgroup.setOnCheckedChangeListener(new RadioGroup.OnCheckedChangeListener()
{
//判断不同的颜色选择按键,并设置颜色
    @Override
    public void onCheckedChanged(RadioGroup group, int checkedId) {
        // TODO Auto-generated method stub
        switch (checkedId) {
        case R.id.blackradio:
            handwrittingView.setcolor(Color.BLACK);
            break;
        case R.id.greenradio:
            handwrittingView.setcolor(Color.GREEN);
            break;
        case R.id.blueradio:
            handwrittingView.setcolor(Color.BLUE);
            break;
        case R.id.redradio:
            handwrittingView.setcolor(Color.RED);
            break;
        default:
            break;
        }
    }
});
//选择笔的粗细
pensizebar = (SeekBar)findViewById(R.id.pensize);
//设置滑动条监听函数
pensizebar.setOnSeekBarChangeListener(new SeekBar.OnSeekBarChangeListener() {
    @Override
    public void onStopTrackingTouch(SeekBar seekBar) {
        // TODO Auto-generated method stub
    }
    @Override

    public void onStartTrackingTouch(SeekBar seekBar) {
        // TODO Auto-generated method stub
    }
    @Override

    public void onProgressChanged(SeekBar seekBar, int progress,boolean fromUser) {
```

```
                // TODO Auto-generated method stub
                handwrittingView.setPenSize(1.0f + progress);
                //当滚动条滑动时,调用并传递参数完成笔宽度的设置
            }
        });
    });
```

将初始化函数 init() 添加到 void onCreate(Bundle savedInstanceState) 函数内,完成初始化操作。

在完成设计后,该程序的运行效果如图 3-41 所示。

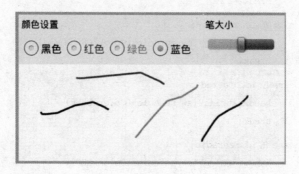

图 3-41　画图板界面及运行效果

第 4 章

从 Android 本地实验案例到"云＋端"

4.1 绪 论

如第一章所述,虽然嵌入式智能终端可以满足大部分应用所需要的性能要求,但仍然难以满足部分应用需求,例如图像处理、数据分析等,不仅对功耗、数据存储提出了更高的要求,同时也对 Android 开发人员提出了更高的知识背景要求,增加了开发的难度。利用云端将部分复杂的算法进行统一的实现和部署,再通过在线的方式提供计算服务,使得计算与终端应用分离,算法工程师可以不受嵌入式系统处理性能和功耗的约束,提高算法的质量;终端开发工程师无需关注算法的架构和背景知识。

在本章中,我们将从一个最简单的本地图像处理开发案例——基于 OpenCV 的图像边缘处理开始,学习如何在本地设计一个基础的图像处理程序,并将该程序的处理迁移到云端,利用 IaaS 提供的虚拟机计算资源将 OpenCV 图像处理服务部署到虚拟机内,通过 Http 接口实现图像的发送和接收。再进一步,介绍如何将传统的虚拟机云服务部署到容器 Docker 内,上述服务可以认为是基于 IaaS 的服务。最后介绍 PaaS 服务的例子,通过构建 PaaS 平台实现 Android"云＋端"应用,基于 Spark 平台作为云端架构并结合 Kmeans 算法设计一个手写数字聚类的"云＋端"服务。

4.2 基于 Android 端 OpenCV 基础实验案例
——图像边缘化处理实验案例

实验目的:掌握 OpenCV 在 Android 应用开发中的环境构建和简单使用方法

实验案例内容:

OpenCV 是目前最常用的开源图像处理库,可以运行在 Linux、Windows、Android 和 Mac OS 操作系统上。它由一系列 C 函数和少量 C＋＋类构成,同时提供了 Python、Ruby、MATLAB 等语言的接口,实现图像处理和计算机视觉方面的很多通用算法。

我们可以从 OpenCV 的主页 http://opencv.org/的 RELEASE 子页面下载最新版的 OpenCV 的 Android 版本——Android Pack,如图 4-1 所示。

图 4-1 OpenCV 下载页面

下载完成后,将 OpenCV 文件包解压后得到如图 4-2 所示的文件结构:
其中各个目录的内容如下:
- sdk 目录:OpenCV 库文件所在的文件夹;
- samples 目录:OpenCV 应用示例,可为我们进行 Android 平台下的 OpenCV 开发提供参考;
- doc 目录:OpenCV 类库的使用说明及 api 文档等;
- apk 目录:包括对应于各内核版本的 OpenCV 应用安装包,用来管理手机设备中的 OpenCV 类库,需要在运行基于 OpenCV 的 App 前安装;当然也可以采用静态的方式调用 OpenCV 库。在官方提供的例子中,已经可以不采用 OpenCV Manager 的安装方式加载 OpenCV。

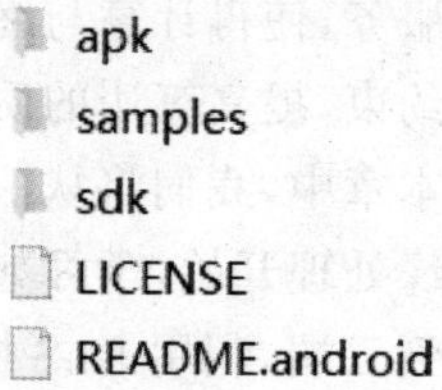

图 4-2 OpenCV 文件夹结构

由于 OpenCV 采用 C/C++语言进行设计,因此,在 Android 框架下需要使用 JNI(Java Native Interface)进行开发。如第二章所述,JNI 是 Java 程序与其他语言通讯的框架,在 OpenCV 中主要是 Java 与 C/C++的通信。

本实验案例的设计目标是:使用 OpenCV 将 Android 设备内的图片资源转换成一张经过边缘处理后的图像。

主要的实验过程如下:

在新建的 Android 工程中,修改 res 文件夹下的 layout->activity_main.xml 文件,完成界面设计,如图 4-4 所示。

图4-3 原始图像和OpenCV变换后的图像

图4-4 界面设计图

增加的图片和按键对应的控件XML代码如下:

```
<ImageView
    android:id = "@ + id/img"
    android:layout_width = "wrap_content"
    android:layout_height = "250dp"
    android:layout_centerInParent = "true"
    android:background = "@drawable/android"/>

<Button
    android:id = "@ + id/btn"
    android:layout_width = "wrap_content"
```

```
android:layout_height = "wrap_content"
android:layout_below = "@id/img"
android:layout_centerHorizontal = "true"
android:text = "边沿化"/>
```

其中,在 ImageView 控件中的图像为 android.jpg,可以直接将需要处理的图片放到 res→drawable 文件夹下,通过@drawable/android 进行获取并使用。

在 Android Studio 中,OpenCV 的开发环境搭建过程如下。

(1) 导入 OpenCV 的 Java 代码包,过程如下:

在 File→New→Import Module 菜单中选择 OpenCV 目录下的 sdk 路径下的 Java 文件夹,界面如图 4-5 所示。

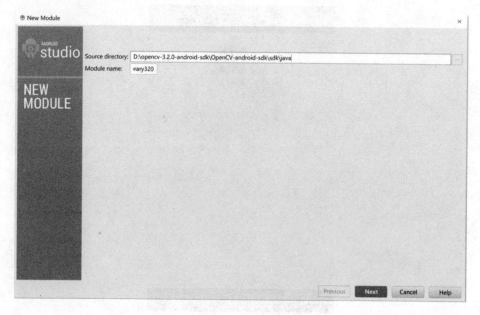

图 4-5 导入 OpenCV 库的界面

在单击 Next 后,在图 4-6 所示的界面中,将默认的打勾选项去掉,防止版本不一致带来的问题,如图 4-6 所示。

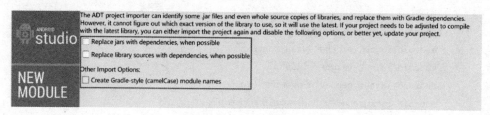

图 4-6 导入界面选项

(2) 在完成 OpenCV 的导入后,确认 OpenCV 的 gradle 和 app 的 gradle 内容一

致,如图4-7所示。

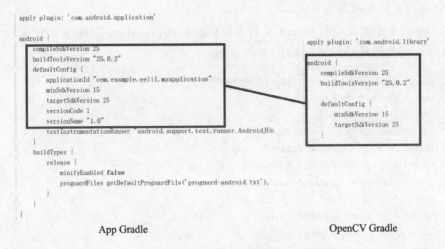

图4-7 gradle内容保持一致

将OpenCV的Java包添加到当前的工程中。在File→Project Structure菜单中,选择app module的Dependencies栏目,并单击右上角的绿色加号,选择Module dependency选项,将OpenCVLibrary添加进去,单击确定,如图4-8所示。

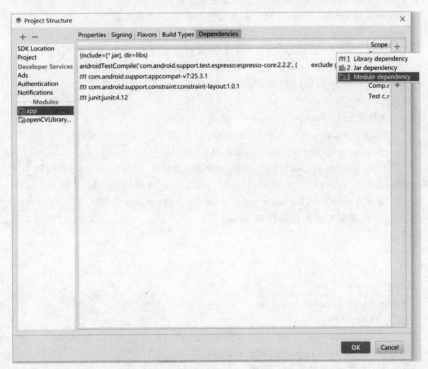

图4-8 增加OpenCVLibrary的界面

（3）将 OpenCV 中的 sdk→native→jni 文件拷贝到工程目录下的 main 文件夹中，并将该文件夹改名为 jniLibs。

（4）参考文献[22]和 OpenCV 官方提供的案例，在 MainActivity 类中完善程序的设计。完整的代码和注释如下：

```java
import android.support.v7.app.AppCompatActivity;
import android.os.Bundle;
import android.widget.*;
import android.graphics.Bitmap;
import android.graphics.BitmapFactory;
import org.opencv.android.BaseLoaderCallback;
import org.opencv.android.LoaderCallbackInterface;
import org.opencv.android.OpenCVLoader;
import org.opencv.android.Utils;
import org.opencv.core.Mat;
import org.opencv.imgproc.Imgproc;
import android.util.Log;
import android.view.View;

public class MainActivity extends AppCompatActivity {
    private Button btn;//对应的按键控件类成员变量
    private ImageView img;//对应的图片显示控件类成员变量
    private Bitmap srcBitmap;//位图类成员变量,存储原始图片
    private Bitmap cannyBitmap;// 位图类成员变量,存储边沿化后的图片
    private static boolean flag = true;//log打印显示的标签
    private static final String TAG = "debug";
    @Override
    protected void onCreate(Bundle savedInstanceState) {
        super.onCreate(savedInstanceState);
        setContentView(R.layout.activity_main);
        img = (ImageView)findViewById(R.id.img);//完成控件对象的"映射"
        btn = (Button)findViewById(R.id.btn); //完成控件对象的"映射"
        btn.setOnClickListener(new ProcessClickListener());
        //设置按键单击的消息处理函数
    }
    @Override

//初始化 OpenCV
    protected void onResume() {
        super.onResume();
        //OpenCVLoader.initAsync(OpenCVLoader.OPENCV_VERSION_3_2_0, getApplicationContext(), mLoaderCallback);
        //注意,本实验案例不采用 Manager 加载
```

```java
        //下面代码参考 OpenCV 官方例子,不采用 Manager 方法加载 OpenCV
    if(! OpenCVLoader.initDebug()){
    Log.d(TAG, "OpenCV 库加载失败,使用管理器加载");
    OpenCVLoader.initAsync(OpenCVLoader.OPENCV_VERSION_3_2_0, this, mLoaderCall-
back);//采用 Manager 方式加载,定义回调函数
} else {
        Log.d(TAG, "OpenCV 库找到,加载成功");
    //直接加载库方法,并定义回调函数
        mLoaderCallback.onManagerConnected(LoaderCallbackInterface.SUCCESS);
            }
        Log.i(TAG, "onResume 函数成功加载 OpenCV");
}


//OpenCV 库加载的回调函数
    private BaseLoaderCallback mLoaderCallback = new BaseLoaderCallback(this) {
        @Override
        public void onManagerConnected(int status) {
            // TODO Auto-generated method stub
            switch(status){
                case BaseLoaderCallback.SUCCESS:
                    Log.i(TAG,"成功加载");
                    break;
                default:
                    super.onManagerConnected(status);
                    Log.i(TAG,"加载失败");
                    break;
            }
        }
    };

//边沿化处理函数
public void procSrc2Canny(){
    Mat rgbMat = new Mat();//OpenCV 的 Mat 型变量,存储原始图像数据
    Mat cannyMat = new Mat();//OpenCV 的 Mat 型变量,存储转换后的图像数据
    srcBitmap = BitmapFactory.decodeResource(getResources(), R.drawable.an-
droid);//获取需要处理的图像资源
    cannyBitmap = Bitmap.createBitmap(srcBitmap.getWidth(), srcBitmap.getH-
eight(), Bitmap.Config.RGB_565);//创建处理后的图像数据变量
    Utils.bitmapToMat(srcBitmap, rgbMat);//OpenCV 和位图的格式转换
    // 核心代码,调用 Canny 函数处理图片,可以换成其他图像处理函数
    Imgproc.Canny(rgbMat, cannyMat, 50, 150);
```

```
                Utils.matToBitmap(cannyMat,cannyBitmap);//将OpenCV处理后的图像数据转为
            位图
                Log.i(TAG,"procSrc2Canny sucess...");
        }


        //按键消息处理响应和处理类
        public class ProcessClickListener implements View.OnClickListener{
            @Override
                public void onClick(View v){
                    // TODO Auto-generated method stub
                    if(flag){
                        procSrc2Canny();//调用边沿化处理函数
                        img.setImageBitmap(cannyBitmap);//显示图片到界面控件中
                        btn.setText("查看原图");
                        flag = false;
                    }else{
                        img.setImageBitmap(srcBitmap);//显示原始图片到界面控件中
                        btn.setText("边沿化");
                        flag = true;
                    }
                }
            }
        }
```

4.3 将 OpenCV 案例搬到云端实现——基于 Web 的 OpenCV 图像边缘处理实验案例

实验目的：了解容器的基本使用方法和简单云端应用的设计和部署过程

实验案例内容：

从 OpenCV 在 Android 开发环境的配置过程中可以发现，Android 本地直接调用 OpenCV 不仅配置过程较为复杂，且部分图像处理参数需要较强的专业知识背景，例如：

```
        Imgproc.Canny(rgbMat,cannyMat,50,150);
```

目前很多从事机器学习、图像处理、数据挖掘的企业都将自己的算法通过云端进行实现，通过网络接口协议实现"云+端"的架构，使得 Android 的开发人员可以专注于软件的稳定性、交互性等方面的功能优化，算法开发人员无需关注 Android 端的软件架构和硬件性能，而是更多地专注于算法优化。前一个实验案例可以采用如图 4-9 所示的架构来实现。

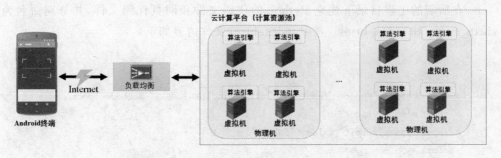

图 4-9　基于基础设施即服务的"云+端"架构

如图 4-9 所示,这个架构是基于基础设施即服务(IaaS)架构,云平台内的物理机集群作为虚拟机的宿主机提供计算资源的支持,虚拟机运行算法引擎,并通过负载均衡对外提供接口,实现数据交互。其中服务的设计重点在于虚拟机和算法的部署,虚拟机的类型有多种选择,例如 KVM、XEN、OpenVZ 和 Docker 等。

为了将 4.2 章中的 OpenCV 处理放到 Docker 内,首先需要开发基于网络接口端的 OpenCV 处理软件。这样的选择有很多,例如 C++、Java 和 Python 等。为了简化设计,本实验案例选择 Python 作为基础框架实现互联网端的 OpenCV 处理软件框架。主要步骤如下:

(1) 选择并部署开发平台,我们选择 Ubuntu16.04-64 位系统作为开发平台,同步的云端操作系统也选择相同的系统版本。

(2) 安装 OpenCV Python 版本。在 Ubuntu 下安装较为简单,在终端界面下输入如下指令进行安装:

```
sudo apt-get install Python-opencv
sudo apt-get install python-numpy
```

(3) 选择 Python 的网络服务架构。基于 Python 的网络服务架构可选择 Django、Tornado 等,我们选择 Tornado 作为网络服务的接口,提供包括 Http get 和 Http post 等服务。该软件的安装可使用 pip 软件工具完成,其中 pip 的安装过程,在终端中输入指令如下:

```
sudo apt-get install python-pip
```

在完成 pip 安装后,利用 pip 工具安装 Tornado,在终端输入指令:

```
pip install tornado
```

(4) 开发基于 Tornado 的 Python 服务程序。为了通过对比来帮助读者熟悉开发流程,这里首先介绍一个基于网页的 OpenCV 图像处理服务的开发。在网页端可以上传图片、处理并显示处理后的图片,最后在此基础上修改为"云+端"服务。

在所需的工程目录下建立 Python 的代码文件和网页代码文件，并分别命名为 http_cv.py 和 index.html。其中 index.html 文件内容如下：

```html
<html>
<body>
<form action = "/upload" enctype = "multipart/form-data" method = "post">
<input name = "imagefile" type = "file">
<input type = "submit" value = "Submit">
</form>
</body></html>
```

在网页代码文件中定义了一个表单，这个表单采用 post 的方式提交到 Tornado 服务的 upload 地址进行处理，enctype="multipart/form-data"设置了数据的编码方式，其中 multipart/form-data 实现完整图像数据的上传。<input name = "imagefile" type="file">定义了文件选择框，将选择的上传文件名改为 imagefile，选择的数据类型为 file 类型；<input type="submit" value="Submit">指明了该单元是一个类似于按键的组件，这个组件显示 Submit，单击该按键会触发并调用 action 方法。我们直接运行该 html 文件，显示如图 4-10 所示。

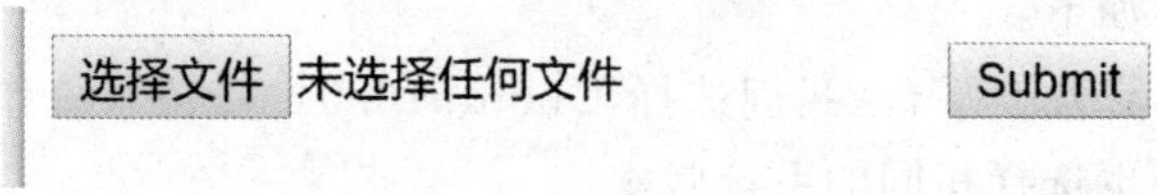

图 4-10 html 显示界面

完成 Python 的处理程序设计。http_cv.py 的代码如下：

```python
#导入头文件
import cv2
import tornado.ioloop
import tornado.web
import os

files = ['out.jpg','test.jpeg']
#主处理程序，首次开网页调用 index.html 网页
class MainHandler(tornado.web.RequestHandler):
    def get(self):
        self.render('/home/python/tornado/index.html')
#Upload 处理类
class UploadHandler(tornado.web.RequestHandler):
#Post 的处理函数
    def post(self):
        if self.request.files:
```

```python
# 获取上传表单中 imagefile 的数据
        myfile = self.request.files['imagefile'][0]
# 在本地创建一个文件,命名为 in.jpg
        fin = open("/home/python/tornado/in.jpg","w")
        print "success to open file"
        # 将收到的 myfile 数据写入到这个文件中
        fin.write(myfile["body"])
# 写入结束
        fin.close()
# 调用 OpenCV 函数读取上传图片
        image = cv2.imread("/home/python/tornado/in.jpg")
# 调用 OpenCV 函数处理这个图片,转换为边沿检测图片
        CannyImage = cv2.Canny(image, 50, 150)
# 将这个图片写入到 out.png 文件中,实现图片处理后响应和显示
        cv2.imwrite("/home/python/tornado/out.png", CannyImage)
# 打开 out.png 图片,将这个图片写入到网页中
        pic = open("/home/python/tornado/out.png","r")
        pics = pic.read()
        self.write(pics)
        self.set_header("Content-type", "image/png")

# 定义不同方法处理的函数,例如刚打开网页时调用 MainHandler 函数,upload 地址则是调用 UploadHandler 类
application = tornado.web.Application([(r'/', MainHandler),(r'/upload', UploadHandler)],static_path = os.path.join(os.path.dirname(__file__), "static"))

# main 函数,设置端口监听 2033 端口,并启动服务
if __name__ == '__main__':
    application.listen(2033)
    tornado.ioloop.IOLoop.instance().start()
```

启动 Tornado 服务程序后,在浏览器中输入:http://ip:2033,出现如图 4-11 所示的界面。我们选择本地的 android.png 图片并完成加载。

图 4-11 网页图片上传界面

单击 Submit 按键,服务程序会在响应的网页显示处理后的图片,如图 4-12 所示。

在完成上述工作后,我们需要选择一个合适的云计算平台,租用云平台的虚拟机计算资源完成网络端的在线处理。目前,可供选择的云计算平台有很多,包括阿里

图 4-12 网页显示的处理图片

云、亚马逊 AWS 服务和腾讯云等。在这些服务平台内可以租用所需的计算资源——云服务器,然后,可以选择基于 Linux 的系统将开发的网络图像处理服务迁移到云服务器内,实现云端图像处理服务。在完成云服务器的租用后,登陆远程的云服务器和登陆一台远程的主机没有任何区别,对于所开发的网页和 Tornado 服务同样需要进行环境的配置,并将代码文件上传,然后启动服务程序完成迁移。为了进行知识的拓展,本实验案例介绍一种新的虚拟化云服务——Docker 容器的部署。

Docker 类似于传统的虚拟化技术,例如 KVM、Xen 等,提供虚拟计算资源的隔离,但同时也与这些技术存在一定的差异。例如 KVM、Xen 等可以提供一种全虚拟化的方式,真正地在宿主服务器上虚拟出一台完整的虚拟计算机,并且可以在这个虚拟计算机中安装不同的操作系统,包括 Linux 和 Windows 系统。当然传统的虚拟化技术由于中间采用虚拟化层(虚拟化管理单元)作为资源的抽象与转换,也会损耗一定的资源,因此每台服务器上无法虚拟出大量的虚拟计算机。Docker 之所以不同,主要是因为没有消耗中间资源,类似于 LinuxContainer,直接在内核上做资源的隔离和管理,因此对于 Docker 而言更像一个进程而不是一个虚拟机,一个服务器可以启动上百个 Docker 服务,因此 Docker 也常用来做快速的环境部署。传统的虚拟化结构和 Docker 的结构如图 4-13 所示。

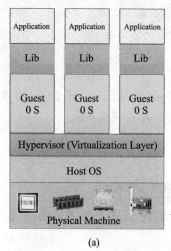
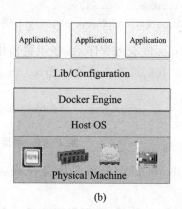

图 4-13 传统的虚拟化结构和 Docker 结构的对比

我们可以在租用的云服务器内部署 Docker 服务实现多服务程序的负载均衡或者环境的快速构建。以 Ubuntu16.04 版本系统为基础，Docker 的主要安装过程如下：

① 更新软件列表，在终端中输入如下指令：

```
sudo apt-get update
```

② 增加 Docker 的软件安装秘钥，在终端输入指令：

```
sudo apt-key adv --keyserver hkp://p80.pool.sks-keyservers.net:80 --recv-keys 58118E89F3A912897C070ADBF76221572C52609D
```

③ 再次更新软件列表，在终端中输入如下指令：

```
sudo apt-get update
```

④ 在 Docker 软件更新源中写入 Ubuntu 16.04 版本的安装源，即在/etc/apt/sources.list.d/docker.list 文件中写入：deb https://apt.dockerproject.org/repo ubuntu-xenial main。

⑤ 再次更新软件列表并安装 Docker 服务，在终端中输入如下指令：

```
sudo apt-get update
sudo apt-get install docker-engine
```

⑥ 从网上将 Docker 的 Ubuntu16.04 的 Docker 镜像加载到本地，在终端中输入如下指令：

```
sudo docker pull ubuntu:16.04
```

⑦ 在完成 Docker 镜像的下载后，可以通过如下指令启动 Docker 服务：

```
sudo docker run -d ubuntu:16.04 -p 2030:2030 -v /home/dock/service:/usr/service/bin/sh
```

我们可以通过上述指令中的/bin/sh 参数直接在终端登陆 Docker 服务，-d ubuntu:16.04 下载的是 Ubuntu16.04 镜像，-p 2030:2030 将 Docker 服务的 2030 端口与宿主云服务器的 2030 端口绑定，-v /home/dock/service:/usr/service 将宿主服务器的 /home/dock/service 路径的文件夹绑定到 Docker 服务内的/usr/service 文件夹下，该文件夹包含了刚才所设计的网页服务程序。在 Docker 服务终端命令行中直接进入/usr/service,运行 Tornado 服务完成迁移；当访问宿主服务器的 2030 端口时会被转发到 Docker 服务内的 2030 端口并完成网页的服务。如果我们需要同时运行多个服务，可以重复上述操作，并绑定到其他的端口，同时利用其中一个 Docker 服务运行负载均衡。

4.4 实现 OpenCV 的云+端处理——基于"云+端"的 OpenCV 图像边缘处理实验案例

实验目的：掌握 Android 网络文件收发的基本操作方法和云端接口的基本设计过程

实验案例内容：

以图 4-9 所示的架构为基础设计"云+端"的在线图像处理服务，同时需要重新对 4.2 和 4.3 节的程序做相应的修改。首先，本实验案例确定 Android 端软件的功能，包括：

① 获取图片；
② 向云端发送图片；
③ 接收云端处理后的图片；
④ 显示处理后的图片。

云端的功能包括：

① 接收 Android 发送的图片；
② 处理图片；
③ 返回处理后的图片。

其中关键的设计在于"云和端"的数据交互，本实验案例采用 Http post 提交图片。主要的设计过程如下。首先，修改 4.2 章节的 Android 程序代码，同时采用第三方的 Http 处理库：okhttp3（http://square.github.io/okhttp/）作为 Http 处理框架。

在官方地址下载获得最新的 okhttp3 的 jar 文件：okio-1.13.0.jar 和 okhttp-3.8.1.jar 文件后，我们将该文件拷贝到工程目录的\app\libs 文件夹下单击 File→Project Structure，在图 4-14 所示的界面中选择 Dependencies 选项，在该界面中选择"+"，在弹出的库依赖选项界面中选择第二项（Jar Dependence），如图 4-15 所示，添加 okio-1.13.0.jar 和 okhttp-3.8.1.jar 文件。

修改界面设计，将 4.2 节实验案例程序界面修改为如图 4-16 所示的界面。

图 4-16 所示的界面与图 4-4 所示界面基本一致，但控件位置不同。注意：如果在 Android Studio 2.2 下按照 4.2 节进行界面设计并运行，所有控件的起点坐标都位于屏幕的左上角(0,0)，无法按照我们实际的布局固定控件的位置。这个问题是由于新的版本界面采用了 ConstraintLayout 导致的，虽然其用法和 RelativeLayout 相同，但多了设计蓝图界面。为了解决控件位置问题，可以在 Android Studio 的设计界面右键选择 Constraint Layout→Infer Constraint，为控件位置添加位置限制，如图 4-17 所示。

——从 Android 本地实验案例到"云+端"——4

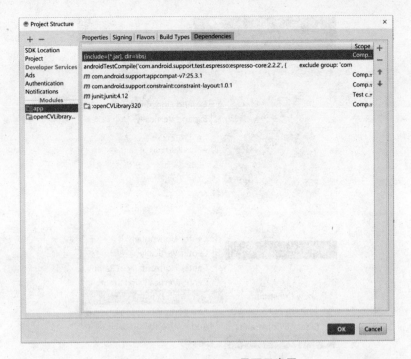

图 4-14 Dependencies 界面示意图

图 4-15 添加库依赖选项　　　　图 4-16 Android 端界面示意图

图 4-17 添加控件位置限制选项

对应的 XML 代码如下：

```
<TextView
    android:layout_width = "wrap_content"
    android:layout_height = "wrap_content"
    android:text = "HTTP IMAGE"
    android:id = "@ + id/text"
    app:layout_constraintBottom_toBottomOf = "parent"
    app:layout_constraintLeft_toLeftOf = "parent"
    app:layout_constraintRight_toRightOf = "parent"
    app:layout_constraintTop_toTopOf = "parent"
    app:layout_constraintVertical_bias = "0.0"
    tools:layout_constraintRight_creator = "1"
    tools:layout_constraintLeft_creator = "1" />
<Button
    android:id = "@ + id/button"
    android:layout_width = "wrap_content"
    android:layout_height = "wrap_content"
    android:text = "云端处理"
    android:layout_below = "@ + id/imageView"
    android:layout_marginRight = "148dp"
```

```
        app:layout_constraintRight_toRightOf = "parent"
        tools:layout_constraintBottom_creator = "1"
        app:layout_constraintBottom_toBottomOf = "parent"
        android:layout_marginEnd = "148dp"
        android:layout_marginBottom = "4dp" />
<ImageView
        android:id = "@ + id/imageView"
        android:layout_width = "0dp"
        android:layout_height = "0dp"
        app:srcCompat = "@mipmap/ic_launcher"
        android:layout_below = "@ + id/txt"
        tools:layout_constraintTop_creator = "1"
        tools:layout_constraintRight_creator = "1"
        tools:layout_constraintBottom_creator = "1"
        android:layout_marginStart = "16dp"
        app:layout_constraintBottom_toBottomOf = "parent"
        android:layout_marginEnd = "16dp"
        app:layout_constraintRight_toRightOf = "parent"
        android:layout_marginTop = "47dp"
        tools:layout_constraintLeft_creator = "1"
        android:layout_marginBottom = "47dp"
        app:layout_constraintLeft_toLeftOf = "parent"
        app:layout_constraintTop_toTopOf = "parent"
        android:layout_marginLeft = "16dp"
        android:layout_marginRight = "16dp" />
```

由于去掉了本地的 OpenCV 图像处理过程，读者会觉得程序将变得更加简单，MainActivity 需要做的是读取图片并发送，然后等待云端的处理结果，将处理后的图片显示在界面上。按照第三章 TCP 实验介绍，需要考虑一些细节问题：如果我们直接在主线程，也就是 MainAcitvity 线程中处理 Http 的发送和等待结果，则有可能阻塞主线程，这是 Android 系统所不允许的。因此，按照 TCP 实验的思路，我们新增一个线程完成图片的发送操作；但接收后如何将另外一个线程的数据显示到主线程的控件内呢？同样，在不同的线程之间利用消息通信机制，通过消息的发送和消息的响应处理，我们可以在两个线程之间交互数据。基于上述考虑，定义新的软件框架，如图 4-18 所示。

首先，根据界面控件的类型和数量，在 MainActivity 类定义界面的控件类型成员变量：

```
Button btn;
ImageView img;
```

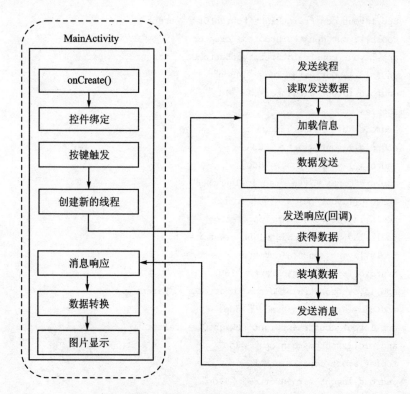

图 4-18 基于 okhttp3 的图片发送和显示程序框架

在 4.2 节中,程序是直接通过资源的方式加载到 ImageView 控件内完成处理的,现在我们需要从本地加载一个图片文件显示到控件内。假定我们在设备存储内部存放了一个名字为 img.png 的目标图片,路径是:/mnt/sdcard/img.png。在 onCreate()函数中我们添加如下代码:

```
String uploadFile = "/mnt/sdcard/img.png";
img = (ImageView)findViewById(R.id.imageView);
Bitmap bmp = BitmapFactory.decodeFile(uploadFile);
img.setImageBitmap(bmp);
```

上述代码从一个路径中读取图片文件,然后调用 BitmapFactory.decodeFile 转换为位图,并显示到控件上。如果我们直接编译并运行程序,可以发现程序并没有报错,但是图片却无法加载。之前的章节中也介绍过,在 Android 6.0 版本中,除了需要在 Manifest.xml 中声明使用外设的权限外,在 Java 中也需要显示的声明权限检查,因此我们在 Manifest.xml 文件中声明如下代码,获得外部存储的访问权限:

```
<uses-permission android:name = "android.permission.READ_EXTERNAL_STORAGE" />
<uses-permission android:name = "android.permission.WRITE_EXTERNAL_STORAGE" />
<uses-permission android:name = "android.permission.MOUNT_UNMOUNT_FILESYSTEMS" />
```

同时在 onCreate()函数中,在控件的初始化代码前增加如下代码:

```
int REQUEST_EXTERNAL_STORAGE = 1;
String[] PERMISSIONS_STORAGE = {
    Manifest.permission.READ_EXTERNAL_STORAGE,
    Manifest.permission.WRITE_EXTERNAL_STORAGE
};
int permission = ActivityCompat.checkSelfPermission(MainActivity.this, Manifest.permission.WRITE_EXTERNAL_STORAGE);

if (permission != PackageManager.PERMISSION_GRANTED) {
        ActivityCompat.requestPermissions(
            MainActivity.this,
            PERMISSIONS_STORAGE,
            REQUEST_EXTERNAL_STORAGE
    );
}
```

该代码首先检查该程序是否具有相应权限（checkSelfPermission），如果没有权限则申请权限（requestPermissions），在首次运行程序时主界面会弹出对话框确认权限，如图 4-19 所示。

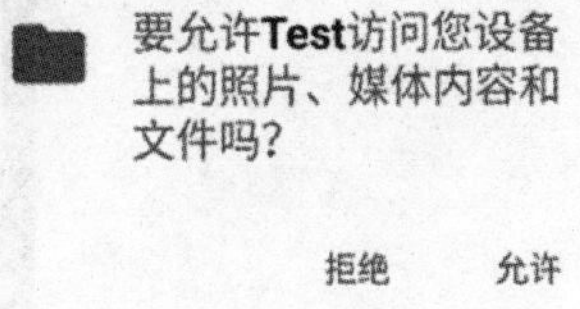

在确认后，再次运行，程序能够显示出正确的图片，如图 4-20 所示。

图 4-19　权限确认对话框

为了进行网络功能的服务，同时也增加网络的权限，在 Manifest.xml 中增加如下代码:

```
<uses-permission android:name="android.permission.INTERNET"/>
```

同样在 onCreate()函数中增加如下代码:

```
int NETWORK = 1;
String[] PERMISSIONS_NETWORK = {
    Manifest.permission.INTERNET
};
int permission1 = ActivityCompat.checkSelfPermission(MainActivity.this, Manifest.permission.INTERNET);
if (permission != PackageManager.PERMISSION_GRANTED) {
        ActivityCompat.requestPermissions(
            MainActivity.this,
            PERMISSIONS_NETWORK,
            NETWORK
    );
}
```

图 4-20 加载图片的显示界面

完成图片发送函数 Http_post() 的设计，代码如下：

```
public void Http_post() {
    String uploadFile = "/mnt/sdcard/img.png";//定义文件的路径
    OkHttpClient mOkHttpClient = new OkHttpClient();
    //定义 oKHttpClient 的对象,用来完成 Http 的处理
    File file = new File(uploadFile);//将图片转换为 File 类型对象
    RequestBody fileBody = RequestBody.create(MediaType.parse("image/png"),
    file);//加载文件数据到 Body 内部,为 Http 各个字段加载做准备
    RequestBody requestBody = new MultipartBody.Builder().setType(MultipartBody.
    FORM)
    .addPart(Headers.of(
        "Content-Disposition",
        "form-data; name=\"myfile\";filename=\"img.png\""), fileBody)
            .build();//填充 Http 请求的字段内容
    Request request = new Request.Builder()
            .url("http://192.168.100.22:2033/upload")
            .post(requestBody)
```

```
        .build();//准备Http请求的实体
//调用Http请求,并使用enqueue作为异步操作,即创建一个工作线程完成Http的请
   求和响应,并定义响应的回调函数;
    mOkHttpClient.newCall(request).enqueue(new Callback() {
        @Override

//如果Http错误会调用如下函数
        public void onFailure(Call call, IOException e) {

        }
        @Override

//Http返回则会调用如下函数
        public void onResponse(Call call, Response response) throws IOException {
        }
    });
}
```

定义新的发送线程,代码如下:

```
public void send_treading(){
    new Thread(new Runnable() {
        @Override
        public void run() {
            Http_post();
        }
    }).start();
}
```

在onCreate()函数中设计按键响应函数,代码如下:

```
btn = (Button)findViewById(R.id.button);
btn.setOnClickListener(new Button.OnClickListener(){//创建按键响应函数
                    public void onClick(View v) {
                            send_treading();//启动发送线程
                        }
                });
```

将发送线程接收到的数据发送到主线程,实现图片的控件加载并显示。我们在MainActivity类中增加一个消息处理类型的类成员变量,代码如下:

```
Handler mHandler = new Handler(){//定义一个消息处理对象
    @Override
    public void handleMessage(Message msg) {//消息处理函数
```

```
                super.handleMessage(msg);
                switch(msg.what){///判断消息的类型
                    case IS_SUCCESS://接收成功的消息处理
                        byte[] bytes = (byte[]) msg.obj;//获取消息的数据
                         Bitmap bitmap = BitmapFactory.decodeByteArray(bytes, 0, bytes.length);//将数据转换为位图
                        img.setImageBitmap(bitmap);//显示图片到控件上
                        break;
                    case IS_FAIL:
                        break;
                    default:
                        break;
                }
            }
        };
```

完善 public void onResponse(Call call，Response response) throws IOException{ }})函数实现 Http 的响应处理，代码如下：

```
            @Override
            public void onResponse(Call call, Response response) throws IOException {
                Message message = mHandler.obtainMessage();//创建一个消息实体
                if (response.isSuccessful()){//如果响应成功,加载数据到消息实体内
                    message.what = IS_SUCCESS;//设置消息为成功类型
                    message.obj = response.body().bytes();//加载 Http 响应数据
                    mHandler.sendMessage(message);//发送消息
                } else {//发送空消息
                    mHandler.sendEmptyMessage(IS_FAIL);
                }
            }
        });
```

同时在 MainActivity 类中增加如下类成员变量，定义消息类型：

```
private static final int IS_SUCCESS = 1;//成功消息
private static final int IS_FAIL = 0;//失败消息
```

修改云端的 Python 的 Tornado 服务代码，主要是修改 post(self)函数，代码如下：

```
        def post(self):
            if self.request.files:
                print self.request.files
                myfile = self.request.files['myfile'][0]
                fin = open(/home/python/tornado/in.jpg","w")
```

```
            print "success to open file"
            fin.write(myfile["body"])
            fin.close()
            image = cv2.imread("/home/python/tornado/in.jpg")
            CannyImage = cv2.Canny(image, 50, 150)
            cv2.imwrite("/home/python/tornado/out.png", CannyImage)
            filename = "/home/python/tornado/out.png"
#定义文件块的大小
            buf_size = 4096
#打开处理后的文件,循环发送文件的数据
            with open(filename, 'rb') as f:
                while True:
                    data = f.read(buf_size)
                    if not data:
                        break
                    self.write(data)
            self.finish()
```

运行后效果如图 4-21 所示。

图 4-21　Android 端接收云端图片的效果图

本实验案例是一个最简单的"云+端"的处理程序,读者可以在此基础上扩展更加复杂的应用。

4.5 基于 Spark Streaming 的"云+端"PaaS 平台实验案例

实验目的:掌握 Spark 平台的搭建过程和基于数据流处理的应用开发

实验案例内容:

在上述基础实验案例的框架下,进一步改进云端平台,采用以 Spark 平台为基础,利用 Spark Streaming 实现实时数据批处理,搭建基于"云+端"的实时大数据处理平台。

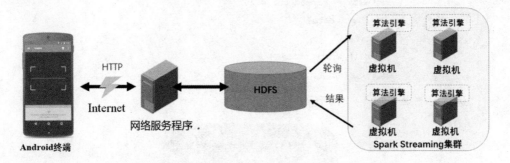

图 4-22 基于 Spark Streaming 的"云+端"系统框架图

整个系统主要包含以下部分:

(1) Android 终端:基于 Android 系统的服务程序,主要与用户进行交互,包括选择手机图库中的 mnist 数据手写图片,通过 OKHttp 网络库发送到服务端,并获取识别结果进行数字类别的显示。

(2) 网络服务程序:采用 Tornado 网络框架,主要负责与 Android 终端进行通信,接收图片识别请求,将图片解析存储到 HDFS 分布式文件系统中,为后续识别提供数据;当接收到结果查询请求时,从 HDFS 文件系统中查询相应的识别结果,再返回给 Android 终端。

(3) HDFS 文件系统、Spark 计算集群:采用 Apache Hadoop 分布式文件系统和 Apache Spark 数据处理平台,主要负责对数据进行存储;利用 Spark Streaming 对数据进行实时的批量处理,返回结果到网络服务端。

(4) 基于 Kmeans 的聚类算法:对于 mnist 手写数据集,采用以 10 个聚类中心的 Kmeans 聚类算法,利用大量的无标注数据样本进行迭代训练,得到的模型最终用于分类,从而获得图片的识别聚类结果。

4.5.1 搭建 Spark 和 Hadoop 集群

Apache Spark 是为大规模数据处理而设计的快速通用的计算引擎,是 UC Berkeley AMP lab(加州大学伯克利分校的 AMP 实验室)开源的类 Hadoop MapReduce 的通用并行框架。我们使用两台云服务器来搭建一个小型的分布式集群环境安装,一台作为 Master 节点,另外一台作为 Slave 节点。Spark 的安装包括了 HDFS(Hadoop)和 Spark 集群的安装。其中完整的安装过程如下:

1. 运行环境的配置

每个计算节点(云服务器)的配置如下:操作系统为 Ubuntu 14.04,我们将两个计算节点的 hostname 分别命名为 docker-000 和 docker-001,IP 为 192.168.1.100 和 192.168.1.101。

2. Hadoop 集群安装的主要流程

① 选定一台计算节点作为 Master 节点,另外一台计算节点作为 Slave 节点;
② 在 Master 节点上安装 SSH server、Java 运行环境;
③ 在 Master 节点安装 Hadoop;
④ 在 Slave 节点上复制 Master 节点的安装和配置,实现配置的一致性;
⑤ 从 Master 节点上开启 Hadoop 集群提供服务。

3. 计算节点网络配置调整,主要过程如下

设置各个计算节点网络 hostname 配置,利用编辑器打开 hosts 配置文件:

```
$ sudo vim /etc/hosts
```

在该文件中增加对应的 hostname,使得计算节点可以通过 hostname 进行通讯:

```
192.168.1.100 docker-000 #对应 IP 和 hostname
192.168.1.101 docker-001
```

测试配置是否成功,在计算节点的终端中执行以下命令并查看输出结果:

```
$ ping docker-000 -c 3
```

输出结果:

```
docker@docker-000:~$ ping docker-000 -c 3
PING docker0 (192.168.1.100) 56(84) bytes of data.
64 bytes from docker0 (192.168.1.100): icmp_seq=1 ttl=64 time=0.082 ms
64 bytes from docker0 (192.168.1.100): icmp_seq=2 ttl=64 time=0.038 ms
64 bytes from docker0 (192.168.1.100): icmp_seq=3 ttl=64 time=0.044 ms

--- docker0 ping statistics ---
3 packets transmitted, 3 received, 0% packet loss, time 1998ms
rtt min/avg/max/mdev = 0.038/0.054/0.082/0.021 ms
```

安装 SSH 并配置 SSH 无密码登陆,使得各个节点之间免密码登录,主要过程如下：

```
$ sudo apt-get install openssh-server
$ cd ~/.ssh/
$ ssh-keyget -t rsa
$ cat ./id_rsa.pub >> ./authorized_keys
```

让 Master 节点可以无密码登陆到 Slave 节点上：

```
$ scp ~/.ssh/id_rsa.pub docker@docker-001:/home/docker/
```

在 Slave 节点上，将 ssh 公匙加入并授权：

```
$ mkdir ~/.ssh
$ cat ~/id_rsa.pub >> ~/.ssh/authorized_keys
$ rm ~/id_rsa.pub
```

在 Master 节点上测试是否可以无密码登录 Slave 节点：

```
$ ssh docker-001
```

结果：

```
docker@docker-000:~$ ssh docker-001
Welcome to Ubuntu 14.04.3 LTS (GNU/Linux 3.19.0-25-generic x86_64)

 * Documentation:  https://help.ubuntu.com/

578 packages can be updated.
390 updates are security updates.

New release '16.04.2 LTS' available.
Run 'do-release-upgrade' to upgrade to it.

Last login: Mon Jul 31 10:53:40 2017 from docker0
```

在搭建 Spark 集群前，首先要完成 HDFS 文件存储系统的搭建，并作为手写图片数据的存储。HDFS 是一个分布式的文件存储系统，Spark 服务提供相应的接口可直接获取数据。

4. HDFS 主要搭建过程：

HDFS 是 Hadoop 结构下的一个分布式文件系统，用于支持海量数据在普通机器上的存储，提供高可靠性、容错性和安全性，并向上层提供文件抽象和名称空间，使用者可以像使用普通文件系统一样使用 HDFS。

HDFS 的架构中主要是 Namenode 负责管理整个存储系统，包括文件名的创建、修改和删除。在 HDFS 中，文件在写入时先被划分成多个 block，一般而言除了最后一个 block，其他 block 的大小相同。Namenode 记录了从文件名到 block 的映射，因此读取或者写入数据与 Namenode 相关。一般要求 Namenode 进程单独运行在一台相对稳定的主机上，这台主机的内存应该足够大，因为文件系统的名称空间完全存放在内存里,因此可存放的文件数和目录结构的复杂性都依赖于 Namenode 所在主机的内存大小。

Datanode 是文件内容存放的实际位置。文件划分出来的 block 被分布式地存储在各台主机的 Datanode 上。在默认情况下,每个 block 有三个备份,这三个备份按照一定的策略分配到各个 Datanode 上。Datanode 定期向 Namenode 发送 heartbeat 和 blocktable,即心跳连接,通知 Namenode 自身的状态信息;Namenode 一旦发现 Datanode 故障,则会启动相应的复制数据块等机制,保持 block 的备份数目。

首先下载 Hadoop 2 版本安装包:Hadoop 2 可通过 http://mirrors.cnnic.cn/apache/hadoop/common/ 或者 http://hadoop.apache.org/releases.html 下载,即"stable"目录下的 hadoop-2.x.y.tar.gz 文件。注意:该文件安装包已经编译好,并可直接部署。

将 Hadoop 安装包拷贝至 Master 节点的/usr/local/安装文件夹下,读者也可以选择其他文件路径:

```
$ sudo tar -zxf ~/Downloads/hadoop-2.7.1.tar.gz -C /usr/local
$ cd /usr/local/
$ sudo mv ./hadoop-2.7.1/ ./hadoop
```

配置系统环境 PATH 环境变量:将 Hadoop 安装目录加入 PATH 变量中使之在任意目录中可以直接使用 hadoop、hdfs 等命令。主要过程如下。

执行 vim ~/.bashrc,在文件的最后增加如下内容:

```
export HADOOP_HOME=/usr/local/hadoop
export PATH=$PATH:/usr/local/hadoop/bin:/usr/local/hadoop/sbin
```

保存并执行 source ~/.bashrc 使系统配置生效。

Hadoop 分布式配置:该步骤需要修改/usr/local/hadoop/etc/hadoop 中的 5 个配置文件:slaves、core-site.xml、hdfs-site.xml、mapred-site.xml 和 yarn-site.xml。(其中 mapred-site.xml 为 Hadoop 任务调度资源的配置文件,本实验案例不会用到该配置,本实验案例采用 Standalone 管理 Spark)。

(1) 配置文件 slaves 的修改:在 HDFS 中,Master 节点作为 NameNode 使用,删除该文件默认的 localhost 信息,并添加如下信息内容:

```
docker-001
```

(2) 配置文件 core-site.xml 的修改:该文件主要是设置 Master 节点服务的 IP 和端口地址,同时 Hadoop.tmp.dir 定义了 hadoop 临时文件的存放位置,默认的配置为系统的/tmp 目录,fs.defaultFS 定义了文件系统所在的服务端口。内容如下:

```
<configuration>
```

```
    <property>
        <name>hadoop.tmp.dir</name>
        <value>file:/usr/local/hadoop/tmp</value>
        <descrIPtion>A base for other temporary directories.
        </description>
    </property>
    <property>
        <name>fs.defaultFS</name>
        <value>hdfs://docker-000:51234</value>
    </property>
</configuration>
```

（3）配置文件 hdfs-site.xml 的修改：主要是通过 dfs.replication 设置文件存储在 HDFS 中的备份数量，一般设为3。由于本实验只采用一个 Slave 节点，所以 dfs.replication 的数值修改为1；dfs.namenode.name.dir 和 dfs.namenode.data.dir 配置 namenode 和 datanode 的存储文件的位置。内容如下：

```
<configuration>
    <property>
        <name>dfs.replication</name>
        <value>1</value>
    </property>
    <property>
        <name>dfs.namenode.name.dir</name>
        <value>file:/usr/local/hadoop/tmp/dfs/name</value>
    </property>
    <property>
        <name>dfs.datanode.data.dir</name>
        <value>file:/data/hdfs</value>
    </property>
</configuration>
```

完成配置文件的修改后，统一集群的 HDFS 配置内容如下。

将 Master 云主机上的/usr/local/Hadoop 文件夹复制到其他节点上，即在 Master 节点上执行：

```
$ cd /usr/local
$ tar -zcf ~/hadoop.master.tar.gz ./hadoop
$ cd ~
$ scp ./hadoop.master.tar.gz docker1:/home/docker
```

在 Slave 节点上执行：

```
$ sudo tar -zxf ~/hadoop.master.tar.gz -C /usr/local
```

在 Master 节点执行 Namenode 的格式化操作：

```
hdfs namenode -format
```

启动 HDFS 集群，即在 Master 节点上执行：

```
$ start-dfs.sh
```

在 Master 节点上运行 jps 命令并查看 HDFS 服务运行状态：

```
$ jps
```

运行状态：

```
docker@docker-000:~/spark$ jps
12686 SecondaryNameNode
12951 ResourceManager
13737 Master
13911 Jps
12411 NameNode
```

5. Spark 集群服务的主要搭建过程

本实验案例 Spark 采用 2.0.2 版本，并直接采用 Spark 的 Standalone 管理模式，主要安装流程如下。

（1）下载 Spark 的软件安装包，并解压放置到安装目录下：

```
$ sudo tar -zxf ~/Downloads/spark-2.0.2-bin-hadoop2.6.tgz -C /usr/local/
$ cd /usr/local
$ sudo mv ./spark-2.0.2-bin-without-hadoop/ ./spark
```

（2）配置 PATH 变量：在 Master 节点修改环境参数配置；在终端中执行 vim ~/.bashrc，并在文件最后增加如下内容：

```
export SPARK_HOME=/usr/local/spark
export PATH=$PATH:$SPARK_HOME/bin:$SPARK_HOME/sbin
```

（3）修改 Spark 服务的配置文件，首先在 Master 节点主机上进行配置文件修改。修改 slaves 配置文件：

```
$ cd /usr/local/spark/
$ cp ./conf/slaves.template ./conf/slaves
```

将默认的 localhost 替换为 Slave 节点的名称：

```
docker1
```

（4）配置文件 spark-env.sh 的修改，首先从安装包中新建一个配置文件：

```
$ cp ./conf/spark-env.sh.template ./conf/spark-env.sh
```

编辑 spark-env.sh 配置文件，主要是添加服务文件的路径和 Master 节点 IP 地址信息。主要内容如下：

```
export SPARK_DIST_CLASSPATH = $ (/usr/local/hadoop/bin/hadoop classpath)
export HADOOP_CONF_DIR = /usr/local/hadoop/etc/hadoop
export SPARK_MASTER_IP = 192.168.1.100
```

（5）将 Master 节点上的 /usr/local/spark 文件夹复制到各个节点上。在 Master 节点上执行如下命令：

```
$ cd /usr/local/
$ tar -zcf ~/spark.master.tar.gz ./spark
$ cd ~
$ scp ./spark.master.tar.gz docker1:/home/docker
```

（6）在 Slave 节点统一各个配置文件，在 Slave 节点执行如下指令：

```
$ sudo rm -rf /usr/local/spark/
$ sudo tar -zxf ~/spark.master.tar.gz -C /usr/local
```

启动 Spark 集群服务，即在 Master 节点主机上执行如下命令：

```
$ cd /usr/local/spark/
$ sbin/start-master.sh
$ sbin/start-slaves.sh
```

查看 Spark 集群运行状态，在 Master 节点执行 jps 指令，并得到如下信息：

```
docker@docker-000:~/spark$ jps
12686 SecondaryNameNode
12951 ResourceManager
13737 Master
13911 Jps
12411 NameNode
```

关闭 Spark 服务（可选操作）：

```
$ sbin/stop-master.sh
$ sbin/stop-slaves.sh
$ cd /usr/local/hadoop/
$ sbin/stop-all.sh
```

完成上述的过程，我们就构建了一个 Spark 数据处理实验平台，同时采用 HDFS 作为文件的存储系统。其中 Spark 的 /bin 目录下存放了 Spark 的指令文件，例如 spark-shell, spark-sql, pyspark 等，也包括了我们提交 Spark 任务的 spark-submit 指令文件。

4.5.2　Python 所需库文件的安装

本实验案例 Spark 端程序将基于 Python 语言进行设计,首先需要在集群的各个节点上安装所需要的 Python 软件包,包括:

① Pydoop:Python 与 Hadoop 的接口,使 Python 可以操作 HDFS 系统,安装指令如下:

```
$ sudo apt-get install build-essential python-dev
$ pip install pydoop
```

② PIL:Python Imaging Library,用于实现图像处理接口,安装指令如下:

```
$ sudo apt-get install -y python-imaging
```

③ Numpy 数值处理库安装,安装指令如下:

```
$ sudo pip install numpy
```

4.5.3　训练 Kmeans 聚类模型

(1) 启动 HDFS 和 Spark 服务

顺序启动 HDFS 和 Spark 服务,在 Master 节点上启动 HDFS 服务:

```
$ cd /usr/local/hadoop/
$ sbin/start-dfs.sh
```

在 Master 节点上启动 Spark 集群服务:

```
$ cd /usr/local/spark/
$ sbin/start-master.sh
$ sbin/start-slaves.sh
```

(2) 下载 mnist 数据集文件并放到 HDFS 的 /mnist/data/ 路径下,用于训练 Kmeans 聚类模型。利用 HDFS 指令进行文件的存储操作,在 Master 节点执行如下命令:

```
$ hdfs dfs -mkdir -p /mnist/  #HDFS 文件系统中工程路径
$ hdfs dfs -put ~/Downloads/data /mnist  #将数据存放到/mnist/data 下
$ hdfs dfs -mkdir -p /mnist/handle  #数据的处理路径,存放用户上传图片
$ hdfs dfs -mkdir -p /mnist/results  #结果存放路径
```

(3) 创建并设计 training.py 文件,该文件用于训练 Kmeans 模型,并提交到 Spark 集群服务中运行获得模型结果,其中提交的指令如下:

```
$ /usr/local/spark/bin/spark-submit ~/mnist/training.py
```

其中 training.py 主要是调用 Spark MLlib 中的 Kmeans 类实现 mnist 数据的聚

类模型训练，代码如下：

```python
# encoding: utf-8
from StringIO import StringIO
from pyspark import SparkConf, SparkContext
from pyspark import StorageLevel
from pyspark.mllib.clustering import Kmeans
from PIL import Image
import numpy as np

# HDFS 文件系统接口
HDFS = 'hdfs://docker-000:51234'
# 模型训练结果存放路径
DATA_DST = '%s/mnist/results' % (HDFS)

# 读取 mnist 数字手写 png 图片函数
def parse_png(input):
    _path, binary_data = input
    try:
        img = Image.open(StringIO(binary_data))
    except IOError:
        return None
    data = img.tobytes()
    return np.fromstring(data, dtype=np.uint8)

# 迭代训练 Kmeans 算法模型，迭代次数 10000，初始化为随机参数
def retrieve_cluster_results(input_rdd, n_centers):
    cluster = KMeans.train(input_rdd, n_centers, maxIterations=10000,
            initializationMode='random')
    return cluster

def main():
    # 设置聚类中心数为 10，0 到 9 个数字种类，一共 10 个类别
    N_CENTERS = 10
    # 设置 Spark 应用服务的名字
    app_name = 'mnistKmeans Clustering %d Centers 1w iterations' % \
            (N_CENTERS)
    conf = (SparkConf()
            .setMaster('spark://docker000:7077')
            .setAppName(app_name))
    sc = SparkContext(conf=conf)
    # 设置训练数据存放位置
    data_src = '%s/mnist/data' % (HDFS)
    # 读取训练数据并过滤无效数据
```

```python
    raw_data = sc.binaryFiles(data_src, 6)
    input = raw_data.map(lambda d: parse_png(d))
    validate_input = input.filter(lambda d: d != None)
    partition_input = validate_input.repartition(128)
    partition_input.persist(StorageLevel.DISK_ONLY)
    # 训练 Kmeans 聚类模型,并保存到 HDFS 指定的位置
    cluster = retrieve_cluster_results(partition_input, N_CENTERS)
    cluster.save(sc, '%s/models' % (DATA_DST))

if __name__ == '__main__':
    main()
```

提交并运行结束后,我们可以看到 HDFS 服务中的 /mnist/results/models 文件夹下存储了 data 和 metadata 两个文件,该文件存放了训练好的 Kmeans 模型参数。

```
docker@docker-000:~/hwg/sparkMnist/mnist$ hdfs dfs -ls /mnist/results/models/
Found 2 items
drwxr-xr-x   - docker supergroup          0 2017-04-05 19:26 /mnist/results/models/data
drwxr-xr-x   - docker supergroup          0 2017-04-05 19:26 /mnist/results/models/metadata
```

4.5.4　基于 Kmeans 聚类的 Spark Streaming 应用服务的设计

基于 Spark Streaming 数据流服务程序的设计:创建并设计 streaming.py 文件,该文件用于提供数据流的在线服务,提交到 Spark 集群服务中运行并获得在线的批量数据处理结果,其中提交的指令如下:

```
$ /usr/local/spark/bin/spark-submit ~/mnist/streaming.py
```

streaming.py 主要是调用 HDFS 内已训练好的 Kmeans 聚类模型,并基于 Spark Streaming 设计在线的批量数据处理服务,根据更新的图片在线分类并返回结果。代码如下:

```python
# encoding: utf-8
import urllib2
from StringIO import StringIO
from pyspark import SparkConf, SparkContext
from pyspark.streaming import StreamingContext
from pyspark.mllib.clustering import KMeansModel
from PIL import Image
import numpy as np

# HDFS 文件系统接口
HDFS = 'hdfs://docker-000:51234'
# 结果存放路径
DATA_DST = '%s/mnist/results' % (HDFS)
# 数据存放路径
```

```python
DATA_SRC = '%s/mnist/handle' % (HDFS)
# 已训练 Kmeans 模型存放位置
MODEL_PATH = '%s/mnist/results/models' % (HDFS)


# 更新识别结果
def sendPartition(iter):
    for record in iter:
        # 将结果发送到 Tornado 对应的服务地址
        req = urllib2.Request('http://192.168.1.100:5000/update', str(record))
        resp = urllib2.urlopen(req)


# 读取 png 图片
def parse_png(input):
    return np.fromstring(input, np.uint8)


# 从已训练的 Kmeans 模型中计算得到各个图片的识别结果
def retrieve_cluster_results(cluster, input_rdd):
    def get_predict_result(trained_cluster, data):
        category = trained_cluster.predict(data)
        return category

    dstream = input_rdd.map(lambda d: get_predict_result(cluster, d))
    dstream.foreachRDD(lambda rdd: rdd.foreachPartition(sendPartition))


def main():
    # 设置聚类中心数为 10
    N_CENTERS = 10
    # 设置 Spark 应用信息名称
    app_name = 'mnistKmeans Clustering %d Centers 1w iterations' % \
               (N_CENTERS)
    conf = (SparkConf()
            .setMaster('spark://docker0:7077')
            .setAppName(app_name))
    sc = SparkContext(conf = conf)
    # 设置 Streaming 的刷新时间为 5s
    ssc = StreamingContext(sc, 5)
    # 读取 HDFS 存储中图片进行转换和过滤
    raw_input = ssc.binaryRecordsStream(DATA_SRC, 28 * 28)
    input = raw_input.map(lambda d: parse_png(d))
    validate_input = input.filter(lambda d: d.shape != 28 * 28)
    # 加载已训练的 Kmeans 模型并进行聚类处理
    cluster = KMeansModel.load(sc, MODEL_PATH)
```

```
    retrieve_cluster_results(cluster, validate_input)
#启动在线 Streaming 服务并等待处理服务结束
    ssc.start()
    ssc.awaitTermination()
    sc.stop()

if __name__ == '__main__':
    main()
```

在应用提交后,Spark Streaming 服务每隔 5s 检测一次 HDFS 存储数据内容的变化。如果有新的上传数据,该服务会获取图片文件进行聚类处理并返回结果。

4.5.5 Tornado 服务程序设计

依据前面的实验案例,修改 Tornado 的服务程序作为和 Android 终端的接口服务,其中 Tornado 服务接收到图片数据后,写入 HDFS 存储,由于 Spark Streaming 采用定时延迟处理,无法直接返回处理结果。简化设计,我们直接采用 sleep 阻塞 Tornado 服务 5 s,并由 Spark Streaming 在完成处理后发送处理结果给指定的 Tornado 服务地址,然后重新定向将结果返回到 Android 终端。主要的代码和注释如下:

```
# - * - coding:utf8 - * -
import tornado.ioloop
import tornado.web
import os
import datetime
import time
from StringIO import StringIO
from PIL import Image
import pydoop.hdfs as hdfs


class MainHandler(tornado.web.RequestHandler):
    def get(self):
        #用于网页测试
        self.render("templates/index.html")


class UploadHandler(tornado.web.RequestHandler):
#用于图片文件的上传处理
    def post(self):
        #检测如果没有上传文件,返回信息通知
        if 'file' not in self.request.files:
            self.write('no file part')
        else:
```

```python
            # 读取上传文件数据
            uploadFile = self.request.files['file'][0]
            if uploadFile.filename == '':
                self.write('No selected file')
            else:
                # 提取文件名并加上时间字符串避免文件名重复
                raw_filename = uploadFile.filename
                prefix, _ = raw_filename.rsplit(".", 1)
                timeStr = datetime.datetime.now().strftime("%m%d%H%M%S")
                prefix = prefix + timeStr
                filename = ".".join([prefix, "bin"])
                filePath = "/tmp/%s" % filename
                # 提取文件数据,保存到本地文件系统
                img = Image.open(StringIO(uploadFile['body']))
                data = img.tobytes()
                with open(filePath, 'wb') as f:
                    f.write(data)
        global TMP_RES
        TMP_RES = filePath
                # 调用HDFS接口,将文件存放到HDFS文件系统中
                try:
                    hdfs.put(filePath, '/mnist/handle/%s' % filename)
                except Exception:
                    pass
                # 等待Spark Streaming检测处理
                time.sleep(5)
                # 在处理完成后需要删除HDFS文件系统中的文件
                try:
                    os.remove(filePath)
                except Exception:
                    pass
                try:
                    hdfs.rmr('/mnist/handle/%s' % filename)
                except Exception:
                    pass
                # 重定向到获取结果的地址,读取结果并返回给Android终端
                self.redirect('/getCategory')

class ResultHandler(tornado.web.RequestHandler):
    # 用于图片文件的处理结果返回,这里会采用重定向
    def post(self):
        # 获得图片的结果
```

```
            res = self.request.arguments
            res = res.keys()[0]
            #更新结果变量
        global TMP_RES
        TMP_RES = res
            self.write('update successfully')


    def get(self):
            #修改结果变量并返回给终端
        global TMP_RES
            self.write(TMP_RES)


settings = {
"static_path":os.path.join(os.path.dirname(__file__),"static"),
}

application = tornado.web.Application([
    (r"/", MainHandler),
    (r"/upload", UploadHandler),
    (r"/getCategory", ResultHandler),
    (r"/update", ResultHandler),
], **settings)

if __name__ == "__main__":
    application.listen(5000)
    tornado.ioloop.IOLoop.instance().start()
```

4.5.6 Android 终端程序设计

本节同样采用 okhttp 进行 Android 系统下的 Http 手写数字图片数据的发送和接收。我们可以直接利用前面的实验，图 4-18 所示的框架完成程序的设计。Android 程序界面与 4.2 节设计的类似，如图 4-23 所示。

我们完善 Android 终端的程序设计，主要是修改 MainActivity 类的代码，和前面实验案例的主要区别如下：

1. 按键功能和状态依据上传数据的操作进行动态的转换

首次单击按键选择图片并进行上传，在此过程中，按键不再提供服务，即无法被单击，同时按键显示相应的状态内容；当收到图片的处理结果后，按键重新转换为可用状态。同时为了进一步说明 findViewById() 的使用方法，在这个实验案例中不采用 Java 程序端的控件"映射"操作，而是直接通过 findViewById() 获取界面的按键控件对象并进行操作。

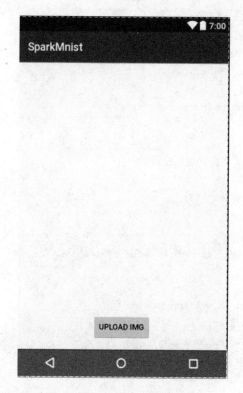

图4-23 手写图片程序界面

在MainActivity类中增加按键状态修改操作函数,代码如下:

```
private void setButtonState(boolean enable){
    if(enable){//选择图片处理状态
        //通过id找到按键对象并设置为使能。注意:没有与Java的按键对象进行"映
        射",而是直接通过findViewById()获取Upload的按键对象
        findViewById(R.id.Upload).setEnabled(true);
        //设置按键显示的信息内容,并完成按键消息处理函数
        ((Button)findViewById(R.id.Upload)).setText("选择图片");
        //设置按键在可用状态下的按键点击消息响应函数
        findViewById(R.id.Upload).setOnClickListener(new Button.OnClickListener(){
            @Override
            public void onClick(View view){
                // 上传图片到HDFS服务器
                UploadImg();
                // 上传图片后等待结果,设置按键为不可用状态
                setButtonState(false);
            }
        });
```

```
    }
    else {
        //设置按键不可用状态处理,显示处理状态信息
        findViewById(R.id.Upload).setEnabled(false);
        ((Button)findViewById(R.id.Upload)).setText("正在请求");
    }
}
```

其中 findViewById() 可以直接获取界面的控件对象,并通过转换类型后,例如转换按键类型: ((Button)findViewById(R.id.Upload)),调用该控件内的 setText() 函数设置显示内容。

2. 新增图片相册选择功能

由于本实验案例的手写数字图片不再唯一,因此需要从多张 mnist 数字手写图片中选择图片,即打开系统相册选择图片并显示。在 Android 系统中,调用系统相册需要调用另外一个 Activity 进程完成服务。第三章中,已经介绍并使用了 startActivity() 函数调用其他 Activity 进程服务,本实验案例同样需要调用系统相册相关的 Activity 进程服务,并返回图片选择结果。这里采用 startActivityForResult() 函数调用系统相册的 Activity,在对应的回调函数 onActivityResult() 进行操作;同样采用 intent 完成不同进程之间的通讯和参数传递。打开相册,选择图片并上传的主要代码如下:

```
// 上传图片到 Spark 服务器
private void UploadImg() {
    // 打开系统相册,选择图片用于上传
    getImg();
}

// 打开系统相册,选择图片用于上传
private void getImg() {
    Intent intent = new Intent();
    // 过滤文件类型,打开 image 类型的文件
    intent.setType("image/*");
    // 调用 Android 系统功能,获取图片内容
    intent.setAction(Intent.ACTION_GET_CONTENT);
    // 传入 intent 参数,启动一个 Activity
    startActivityForResult(intent, 1);
}

//回调函数,对 startActivityForResult 操作进行响应
@Override
```

```java
protected void onActivityResult(int requestCode, int resultCode, Intent data) {
    // 如果用户正确选择图片,则显示图片并上传到服务器
    if (resultCode == RESULT_OK) {
        // 得到图片的 url
        Uri uri = data.getData();
        Log.e("TAG", uri.getPath());
        //上传图片操作
        postImg(uri);
    }
    super.onActivityResult(requestCode, resultCode, data);
}
// 显示选择的图片,并上传到服务器
private void postImg(Uri uri) {
    // 根据 url 得到图片路径,并对图片进行解码
    Bitmap bitmap = BitmapFactory.decodeFile(uri.getPath());
    // 显示图片
    ((ImageView) findViewById(R.id.ImageView)).setImageBitmap(bitmap);
    // 开启线程,将选择的图片上传到服务器
    postThread(uri.getPath());
}
```

为了处理 Tornado 服务返回的结果,类似前面的实验案例在主线程中定义消息处理对象:

```java
// 主线程中接收 Http 子线程返回信息
private final Handler mHandler = new Handler() {
    @Override
    public void handleMessage(Message msg) {
        super.handleMessage(msg);
        switch (msg.what) {
            // 图片上传成功
            case POST_SUCCESS:
                // 获取返回信息
                String result = (String)msg.obj;
                Toast.makeText(MainActivity.this, "请求结果:" + result, Toast.LENGTH_SHORT).show();
                //接收成果,改变按钮状态为可用
                setButtonState(true);
                break;
            // 图片上传失败
            case POST_FAILED:
```

```
                    Toast.makeText(MainActivity.this,"请求失败",Toast.LENGTH_
                    SHORT).show();
                    //失败,同样结束这次操作,改变按钮状态为可用
                    setButtonState(true);
                    break;
            }
        }
    };
```

其中,利用 okhttp 上传图片并返回处理结果线程的主要代码如下:

```
// 将选择的图片上传到服务器
public void postThread(final String imgPath){
    // 开启子线程(只能在其他线程中发起网络请求)
    new Thread(new Runnable() {
        @Override
        public void run() {
            // 使用 okHttp 将图片 post 到 Tornado 服务
            post(imgPath);
        }
    }).start();
}


// 使用 okHttp 将图片 post 到服务器
private void post(String imgPath) {
    // 根据图片路径获取文件
    File file = new File(imgPath);
    if (!file.isFile()) { return; }
        // okHttp 必要参数设置
    RequestBody fileBody = RequestBody.create(MediaType.parse("image/png"), file);
    RequestBody requestBody = new MultipartBody.Builder().setType(MultipartBody.FORM)
            .addPart(Headers.of("Content-Disposition", "form-data; name=\"file\"; filename=\"img.png\""), fileBody).build();
    Request request = new Request.Builder().url(postUrl).post(requestBody).build();

    // 设置 post 超时时间
    OkHttpClient mOkHttpClient = new OkHttpClient.Builder().connectTimeout(60,
    TimeUnit.SECONDS).build();
    //申明 post 回调函数
    mOkHttpClient.newCall(request).enqueue(new Callback() {
```

```
            // post 请求失败
            @Override
            public void onFailure(Call call, IOException e) {
                // 发送 post 失败消息到主线程
                Message message = mHandler.obtainMessage();
                message.what = POST_FAILED;
                mHandler.sendMessage(message);
            }

            // 接收到 post 返回信息
            @Override
            public void onResponse(Call call, Response response) throws IOException {
                // post 请求成功
                if (response.isSuccessful()) {
                    // 获取返回信息
                    String str = response.body().string();
                    Log.e("TAG", str);
                    // 发送请求处理结果到主线程
                    Message message = mHandler.obtainMessage();
                    message.what = POST_SUCCESS;
                    message.obj = str;
                    mHandler.sendMessage(message);
                }
            }
        });
    }
```

完整的 MainActivity 代码如下：

```
package com.Spark_exp.exp;
import android.Manifest;
import android.content.Intent;
import android.content.pm.PackageManager;
import android.graphics.Bitmap;
import android.graphics.BitmapFactory;
import android.net.Uri;
import android.os.Bundle;
import android.os.Handler;
import android.os.Message;
import android.support.v4.app.ActivityCompat;
import android.support.v7.app.AppCompatActivity;
import android.util.Log;
```

```java
import android.view.View;
import android.widget.Button;
import android.widget.ImageView;
import android.widget.Toast;

import java.io.File;
import java.io.IOException;
import java.util.concurrent.TimeUnit;

import okhttp3.Call;
import okhttp3.Callback;
import okhttp3.Headers;
import okhttp3.MediaType;
import okhttp3.MultipartBody;
import okhttp3.OkHttpClient;
import okhttp3.Request;
import okhttp3.RequestBody;
import okhttp3.Response;

public class MainActivity extends AppCompatActivity {
    // 上传图片的 url
    private final String postUrl = "http://116.57.121.208:5000/upload";

    // 表示 Http Post 方法返回状态
    private final int POST_SUCCESS = 0;
    private final int POST_FAILED = 1;

    // 主线程中接收 Http 子线程返回信息
    private final Handler mHandler = new Handler() {
        @Override
        public void handleMessage(Message msg) {
            super.handleMessage(msg);
            switch (msg.what) {
                // 图片上传成功
                case POST_SUCCESS:
                    // 获取返回信息
                    String result = (String)msg.obj;
                    Toast.makeText(MainActivity.this, "请求结果: " + result,
                        Toast.LENGTH_SHORT).show();
                    setButtonState(true);
                    break;
                // 图片上传失败
```

```java
                case POST_FAILED:
                    Toast.makeText(MainActivity.this,"请求失败",Toast.LENGTH_
                    SHORT).show();
                    setButtonState(true);
                    break;
            }
        }
    };

    @Override
    protected void onCreate(Bundle savedInstanceState) {
        super.onCreate(savedInstanceState);
        setContentView(R.layout.activity_main);
        // 设置按钮状态
        setButtonState(true);
        // 设置权限请求
        setPermission();
    }

    private void setPermission() {
        // 设置权限请求(安卓6.0中,除了需要在 Manifest.xml 中声明权限外,也要在
        Java 中显示的声明权限的获取请求)
        if (ActivityCompat.checkSelfPermission(
            MainActivity.this, Manifest.permission.READ_EXTERNAL_STORAGE) != Pack-
            ageManager.PERMISSION_GRANTED) {
            ActivityCompat.requestPermissions(MainActivity.this, new String[]{Mani-
            fest.permission.READ_EXTERNAL_STORAGE}, 1);
        }
    }

    private void setButtonState(boolean enable) {
        if (enable) {
            findViewById(R.id.Upload).setEnabled(true);
            ((Button)findViewById(R.id.Upload)).setText("选择图片");
            findViewById(R.id.Upload).setOnClickListener(new Button.OnClickListener
            () {
                @Override
                public void onClick(View view) {
                    UploadImg();
                    setButtonState(false);
                }
            });
```

```
    }
    else {
        findViewById(R.id.Upload).setEnabled(false);
        ((Button)findViewById(R.id.Upload)).setText("正在请求");
    }
}

// 上传图片到 HDFS 服务器
private void UploadImg() {
    // 打开系统相册,选择图片用于上传
    getImg();
}

// 打开系统相册,选择图片用于上传
private void getImg() {
    Intent intent = new Intent();
    intent.setType("image/*");
    intent.setAction(Intent.ACTION_GET_CONTENT);
    startActivityForResult(intent, 1);
}

@Override
protected void onActivityResult(int requestCode, int resultCode, Intent data) {
    // 如果用户正确选择图片,则显示图片并上传到服务器
    if (resultCode == RESULT_OK) {
        // 得到图片的 url
        Uri uri = data.getData();
        Log.e("TAG", uri.getPath());
        postImg(uri);
    }
    super.onActivityResult(requestCode, resultCode, data);
}

// 显示选择的图片,并上传到服务器
private void postImg(Uri uri) {
    // 根据 url 得到图片路径,并对图片进行解码
    Bitmap bitmap = BitmapFactory.decodeFile(uri.getPath());
    // 显示图片
    ((ImageView) findViewById(R.id.ImageView)).setImageBitmap(bitmap);
    // 开启线程,将选择的图片上传到服务器
    postThread(uri.getPath());
}
```

```java
// 将选择的图片上传到服务器
public void postThread(final String imgPath){
    // 开启子线程(只能在子线程中发起网络请求)
    new Thread(new Runnable() {
        @Override
        public void run() {
            // 使用okHttp将图片post到服务器
            post(imgPath);
        }
    }).start();
}

// 使用okHttp将图片post到服务器
private void post(String imgPath) {
    // 根据图片路径获取文件
    File file = new File(imgPath);
    if (! file.isFile()) { return; }

    //写入okHttp必要参数设置
    RequestBody fileBody = RequestBody.create(MediaType.parse("image/png"), file);
    RequestBody requestBody = new MultipartBody.Builder().setType(MultipartBody.FORM)
            .addPart(Headers.of("Content-Disposition", "form-data; name=\"file\"; filename=\"img.png\""), fileBody).build();
    Request request = new Request.Builder().url(postUrl).post(requestBody).build();

    // 设置post超时时间
    OkHttpClient mOkHttpClient = new OkHttpClient.Builder().connectTimeout(60, TimeUnit.SECONDS).build();
    // post回调函数
    mOkHttpClient.newCall(request).enqueue(new Callback() {
        // post请求失败
        @Override
        public void onFailure(Call call, IOException e) {
            // 发送post失败消息到主线程
            Message message = mHandler.obtainMessage();
            message.what = POST_FAILED;
            mHandler.sendMessage(message);
```

```
            }

            // 接收到 post 返回信息
            @Override
            public void onResponse(Call call, Response response) throws IOException {
                // post 请求成功
                if (response.isSuccessful()) {
                    // 获取返回信息
                    String str = response.body().string();
                    Log.e("TAG", str);
                    // 发送请求处理结果到主线程
                    Message message = mHandler.obtainMessage();
                    message.what = POST_SUCCESS;
                    message.obj = str;
                    mHandler.sendMessage(message);
                }
            }
        });
    }
}
```

运行后,Android 终端的效果如图 4 - 24 所示。

图 4 - 24　基于 Spark Streaming 服务的 Android 终端运行效果图

本实验案例介绍了一个完整的数据流处理"云 + 端"实验平台的构建和实现过程,其中 okhttp3 最大延时参数为 60 s,而 Spark Streaming 的处理间隔为 5 s,因此可以在规定的时间间隔 60 s 内返回结果。但这个处理过程并未真正体现 Spark Streaming 的全部特点,一般而言,Spark Streaming 服务用于处理批量数据流,这里仅作为一个终端设备对应的云计算服务实验案例进行介绍。本实验案例所采用的Kmeans模型属于非监督的聚类模型，同时本实验为了简化实现，没有增加特征的提取，例如文字书写的八方向（按照文字书写笔画的方向分为上、左上、右上、下、左下、右下、左和右方向）等特征的提取。读者可以尝试其他的特征提取，例如八方向、HOG等。同时选择Spark平台内的其他模型，例如SVM(支持向量机)等分类模型进行数据分类的实现。

参 考 文 献

[1] Magic-1 CPU. [EB/OL], 2008. http://www.homebrewcpu.com/overview.htm.

[2] Altera DE2 多媒体开发平台. 2003, [EB/OL], http://www.terasic.com.cn/.

[3] Intel 8048. [EB/OL], 2017. https://zh.wikipedia.org/zh-cn/Intel_8048.

[4] 凌阳单片机. [EB/OL], 2015. http://baike.sogou.com/h7617938.htm.

[5] 爱特梅尔 AVR32 数字音频网关参考设计. [EB/OL], 2009. http://www.eeworld.com.cn/xfdz/2009/0330/article_1209.html.

[6] Windows CE. [EB/OL], 2017. https://baike.baidu.com/item/Windows CE.

[7] 塞班系统. [EB/OL], 2017. https://baike.baidu.com/item/塞班系统.

[8] iPhone. [EB/OL], 2017. https://baike.baidu.com/item/iPhone/.

[9] Nexus 7. [EB/OL], 2017. https://baike.baidu.com/item/Nexus 07.

[10] Nexus One. [EB/OL], 2017. https://baike.baidu.com/item/Nexus One/6242805.

[11] Apple Watch. [EB/OL], 2017. https://baike.baidu.com/item/Apple Watch.

[12] MOTO 360. [EB/OL], 2017. https://baike.baidu.com/item/Moto 360.

[13] 手机 app 常用桌面应用图标. [EB/OL], 2017. http://sucai.redocn.com/web/4228784.html.

[14] 中国互联网络发展状况统计报告. [EB/OL]. http://www.cnnic.net.cn/.

[15] Mell P, Grance T. The NIST definition of cloud computing[J]. Communications of the Acm, 2009, 53(6):50-50.

[16] Andrea Mauro. IaaS vs PaaS vs SaaS. [EB/OL], 2013. http://vinfrastructure.it/en/2013/07/iaas-vs-paas-vs-saas/.

[17] 阿里云陈金培：移动互联网和云计算天生是一对. [EB/OL], 2012. http://cloud.51cto.com/art/201212/375386.htm.

[18] 利尔·亚当. 未来的夏娃[M]. 北京：北京理工大学出版社，2013.

[19] 谷歌的"最佳甜点"——图解 Android 系统发展史. [EB/OL], 2014. http://it.sohu.com/20141208/n406761220.shtml.

[20] Android. [EB/OL], 2017. https://zh.wikipedia.org/wiki/Android.

[21] 李刚. 疯狂 Android 讲义[M]. 2 版. 北京：电子工业出版社，2013.

[22] Android Studio 中配置及使用 OpenCV 示例(一). [EB/OL], 2015. http://blog.csdn.net/gao_chun/article/details/49359535.

[23] Spark Standalone Mode. [EB/OL], 2017. http://spark.apache.org/docs/latest/spark-standalone.html.